圖解化學元素週期表

THE PERIODIC TABLE

A Visual Guide to the Elements

TOM JACKSON

湯姆・傑克森 著

徐立妍、羅亞琪 譯

汪若蕙 審定

圖解化學元素週期表
The Periodic Table: A Visual Guide to the Elements

作者　湯姆・傑克森（Tom Jackson）

譯者　徐立妍、羅亞琪

審定者　汪若蕙

執行編輯　陳思穎

編輯協力　汪若蘭

行銷企畫　李雙如、許凱鈞

發行人　王榮文

出版發行　遠流出版事業股份有限公司

地址　臺北市南昌路2段81號6樓

客服電話　02-2392-6899

傳真　02-2392-6658

郵撥　0189456-1

著作權顧問　蕭雄淋律師

2018年2月28日　初版一刷

2019年6月1日　二版一刷

售價新台幣　420元

有著作權・侵害必究　Printed in Taiwan

ISBN：978-957-32-8464-2

遠流博識網　http://www.ylib.com

E-mail: ylib@ylib.com

（如有缺頁或破損，請寄回更換）

國家圖書館出版品預行編目(CIP)資料

圖解化學元素週期表 / 湯姆.傑克森(Tom Jackson)作；徐立妍、羅亞琪譯.
-- 二版. -- 臺北市：遠流, 2019.06　面；　公分
譯自：The periodic table : an infographic guide to the elements
ISBN 978-957-32-8464-2(平裝)

1.元素 2.元素週期表
348.21　108001304

圖解
化學元素
週期表

THE PERIODIC TABLE

A Visual Guide to the Elements

遠流出版公司

CONTENTS 目錄

元素指南

週期表是最標準的資訊圖表，以118個單位呈現出這個宇宙的組成（至少是我們眼睛所能見到的部分），只要看看這些稱為化學元素的單位落在哪個位置，就可以獲知許多資訊。

元素是無法再被精鍊或純化為更單純的物質，每一個都是獨特的，依照原子結構而擁有不同的物理與化學特性。1869年，俄國化學家德米楚·門得列夫發明了週期表，將已知的元素（數量大約是現今所知的一半）統整為一套系統，把每個元素所表現出來的化學特性按重量的遞增連結在一起。不過門得列夫在研究時並不知道，這套系統其實也反映出每個元素不同的原子結構，一直到30年後，才有人發現了第一個次原子的粒子，也就是電子；然後又過了30年，研究學者才能全盤了解原子如何由較小的粒子建構而成，不過這項研究也讓我們知道為什麼週期表這麼好用。每個元素都由次原子級的粒子組成，包括電子、質子與中子，這些粒子排列的方式讓元素擁有不同的特性。

在本書中，你會學到這些粒子如何作用，發現各個元素所能展現出各種大不相同的特性。雖然這些元素按照同一套規則排列，其特性卻有天壤之別；有些原子從開天闢地以來便已存在，一直到宇宙末日也不會消失，可是有些原子卻是誕生於星球毀滅之際的爐心裡（或是地球上某個實驗室裡），毫秒後便消逝無蹤。

也不是每個元素都這麼極端，大部分都處於中間地帶，而在這個中間地帶包含的是宇宙中所有材料的總和，像是能夠製造磁鐵、引擎和電子儀器的金屬，以及用運算科技創造出現代世界的半導體，也可望以太陽能科技拯救未來；另外還有供養地球生命的非金屬元素（在地球以外的地方可能也是）。接下來，就讓我們展開這段視覺之旅，一起探索自然物質吧。

1

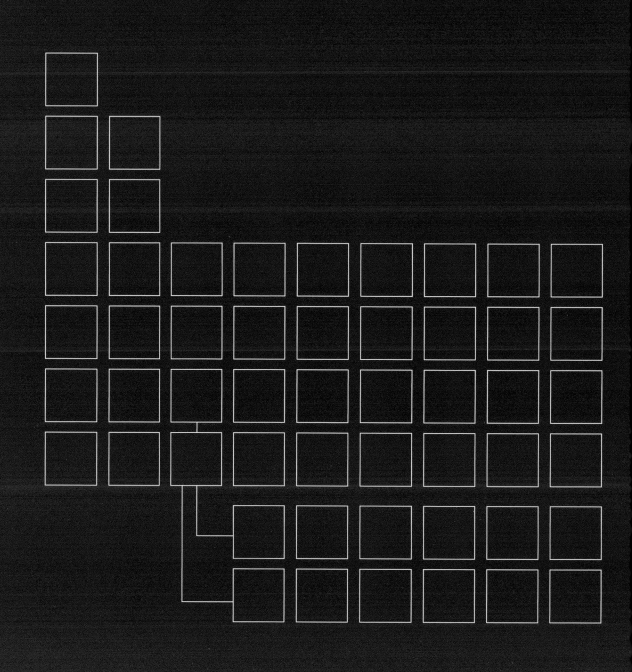

週期表

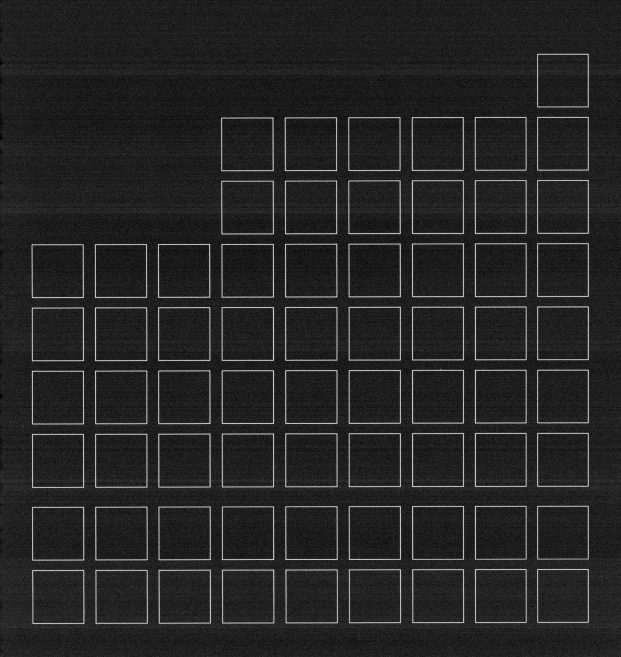

1 **H**氫 HYDROGEN	

1

週期表

週期表上的元素按照原子序數排列（原子所擁有的質子數），元素排成橫列，稱為週期，讓化學特性類似的元素排在同一欄，也就是同族。在這個版本中，特性相似的元素會分在同樣顏色的類別，請參見右邊的說明。

3 **Li**鋰 LITHIUM	4 **Be**鈹 BERYLLIUM							
11 **Na**鈉 SODIUM	12 **Mg**鎂 MAGNESIUM							
19 **K**鉀 POTASSIUM	20 **Ca**鈣 CALCIUM	21 **Sc**鈧 SCANDIUM	22 **Ti**鈦 TITANIUM	23 **V**釩 VANADIUM	24 **Cr**鉻 CHROMIUM	25 **Mn**錳 MANGANESE	26 **Fe**鐵 IRON	27 **Co**鈷 COBALT
37 **Rb**銣 RUBIDIUM	38 **Sr**鍶 STRONTIUM	39 **Y**釔 YTTRIUM	40 **Zr**鋯 ZIRCONIUM	41 **Nb**鈮 NIOBIUM	42 **Mo**鉬 MOLYBDENUM	43 **Tc**鎝 TECHNETIUM	44 **Ru**釕 RUTHENIUM	45 **Rh**銠 RHODIUM
55 **Cs**銫 CAESIUM	56 **Ba**鋇 BARIUM	57–71 鑭系元素 LANTHANIDES	72 **Hf**鉿 HAFNIUM	73 **Ta**鉭 TANTALUM	74 **W**鎢 TUNGSTEN	75 **Re**錸 RHENIUM	76 **Os**鋨 OSMIUM	77 **Ir**銥 IRIDIUM
87 **Fr**鍅 FRANCIUM	88 **Ra**鐳 RADIUM	89–103 錒系元素 ACTINIDES	104 **Rf**鑪 RUTHERFORDIUM	105 **Db**𨧀 DUBNIUM	106 **Sg**𨭎 SEABORGIUM	107 **Bh**𨨏 BOHRIUM	108 **Hs**𨭆 HASSIUM	109 **Mt**䥑 MEITNERIUM

57 **La**鑭 LANTHANUM	58 **Ce**鈰 CERIUM	59 **Pr**鐠 PRASEODYMIUM	60 **Nd**釹 NEODYMIUM	61 **Pm**鉕 PROMETHIUM	62 **Sm**釤 SAMARIUM
89 **Ac**錒 ACTINIUM	90 **Th**釷 THORIUM	91 **Pa**鏷 PROTACTINIUM	92 **U**鈾 URANIUM	93 **Np**錼 NEPTUNIUM	94 **Pu**鈽 PLUTONIUM

■ 鹼金屬
在週期表最左邊一欄是化學活性很高的金屬，質地軟，不過在常溫下是固態金屬，在自然界中不會以純元素存在。

■ 鹼土金屬
鹼土金屬在常溫下是銀白色金屬。之所以稱為鹼土金屬，是因為這些元素在自然界中大多以氧化物的形態存在於土石中，或者可從中提煉，例如石灰就是鈣的鹼性氧化物。

■ 鑭系元素
鑭系元素是一列橫排的元素，一般會出現在週期表下方，以這個系列的第一個元素鑭命名，通常在不常見的礦物中（例如獨居石）會大量出現。

■ 錒系元素
錒系元素是週期表下方第2排的元素，以這個系列的第一個元素錒命名，全都具有高度放射性，其中一個便是核能的主要來源。

■ 過渡金屬
週期表中央那一大塊就是過渡金屬，質地比鹼金屬堅硬，較不具放射性，通常具有良好的導熱與導電性。

■ 後過渡金屬
也可稱為弱金屬，這個三角形區塊包含了非活性金屬，金屬特性較弱，大部分都是低熔點、低沸點。

元素類別

- 鹼金屬
- 鹼土金屬
- 鑭系元素
- 錒系元素
- 過渡金屬
- 後過渡金屬
- 類金屬
- 其他非金屬
- 鹵素
- 惰性氣體
- 待確認化學特性

					2 He氦 HELIUM
5 B硼 BORON	6 C碳 CARBON	7 N氮 NITROGEN	8 O氧 OXYGEN	9 F氟 FLUORINE	10 Ne氖 NEON
13 Al鋁 ALUMINIUM	14 Si矽 SILICON	15 P磷 PHOSPHORUS	16 S硫 SULPHUR	17 Cl氯 CHLORINE	18 Ar氬 ARGON

28 Ni鎳 NICKEL	29 Cu銅 COPPER	30 Zn鋅 ZINC	31 Ga鎵 GALLIUM	32 Ge鍺 GERMANIUM	33 As砷 ARSENIC	34 Se硒 SELENIUM	35 Br溴 BROMINE	36 Kr氪 KRYPTON
46 Pd鈀 PALLADIUM	47 Ag銀 SILVER	48 Cd鎘 CADMIUM	49 In銦 INDIUM	50 Sn錫 TIN	51 Sb銻 ANTIMONY	52 Te碲 TELLURIUM	53 I碘 IODINE	54 Xe氙 XENON
78 Pt鉑 PLATINUM	79 Au金 GOLD	80 Hg汞 MERCURY	81 Tl鉈 THALLIUM	82 Pb鉛 LEAD	83 Bi鉍 BISMUTH	84 Po釙 POLONIUM	85 At砈 ASTATINE	86 Rn氡 RADON
110 Ds鐽 DARMSTADTIUM	111 Rg錀 ROENTGENIUM	112 Cn鎶 COPERNICIUM	113 Nh鉨 NIHONIUM	114 Fl鈇 FLEROVIUM	115 Mc鏌 MOSCOVIUM	116 Lv鉝 LIVERMORIUM	117 Ts鿬 TENNESSINE	118 Og鿫 OGANESSON

63 Eu銪 EUROPIUM	64 Gd釓 GADOLINIUM	65 Tb鋱 TERBIUM	66 Dy鏑 DYSPROSIUM	67 Ho鈥 HOLMIUM	68 Er鉺 ERBIUM	69 Tm銩 THULIUM	70 Yb鐿 YTTERBIUM	71 Lu鎦 LUTETIUM
95 Am鎇 AMERICIUM	96 Cm鋦 CURIUM	97 Bk鉳 BERKELIUM	98 Cf鉲 CALIFORNIUM	99 Es鑀 EINSTEINIUM	100 Fm鐨 FERMIUM	101 Md鍆 MENDELEVIUM	102 No鍩 NOBELIUM	103 Lr鐒 LAWRENCIUM

類金屬

類金屬在週期表中將金屬和非金屬元素區隔開來，其電子特性介於這兩者之間，因此能夠運用在半導體電子技術上。

其他非金屬

有些元素不屬於鹵素，也不屬於惰性氣體，因此就另外分類在這一組，不過這些元素的化學及物理特性差異很大。大部分非金屬都能夠輕易獲得電子，比起金屬元素，通常熔點、沸點、密度都較低。

鹵素

鹵素也就是17族，只有這一族囊括了室溫下3種主要狀態的元素：氣態（氟和氯）、液態（溴）、固態（碘、砈），而且都是非金屬。

惰性氣體

惰性氣體都是非金屬，在週期表上是18族，在室溫下都是氣態，而且特性都是無色、無味、不易起化學反應。惰性氣體包含氖、氬、氙，都可應用在照明和焊接。

待確認化學特性

原子序大於鈾的元素大多都是在實驗室中製造出來的，而且通常只有微量。幾個近期才發現、原子序數較大的人造元素具備什麼樣的化學特性，至今還是一個謎。

原子結構

原子的概念聽起來很像現代的產物，畢竟科學家仍然努力想解開其中一些謎團。不過其實早在2,500年前，古代哲學家就提過原子的概念了，在之後的兩百年一直都是人類學習化學的關鍵。

元素

古代文化以元素的概念來理解自然，認為元素就是創造世上萬物的基本材料，最常見的組合包含4個元素：土、水、氣、火。

自然過程

希臘哲人亞里斯多德認為宇宙的本質就是不停變動，因為各個元素都想和彼此分離。

單純特性

古人認為這4個元素賦予了每種物質一個基本特性，使其感覺冷、熱、乾，或濕。

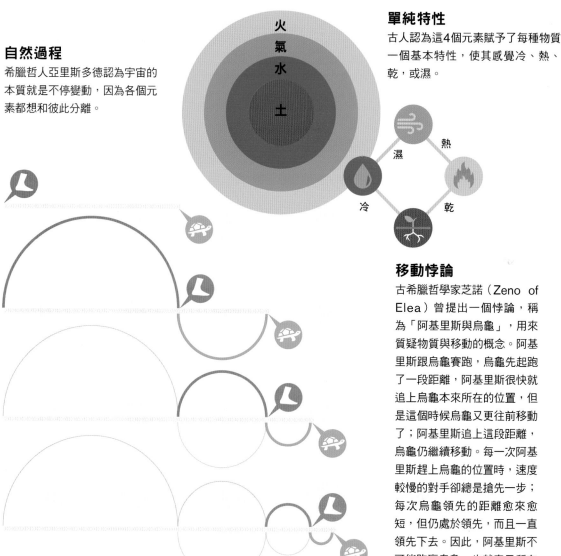

移動悖論

古希臘哲學家芝諾（Zeno of Elea）曾提出一個悖論，稱為「阿基里斯與烏龜」，用來質疑物質與移動的概念。阿基里斯跟烏龜賽跑，烏龜先起跑了一段距離，阿基里斯很快就追上烏龜本來所在的位置，但是這個時候烏龜又更往前移動了；阿基里斯追上這段距離，烏龜仍繼續移動。每一次阿基里斯趕上烏龜的位置時，速度較慢的對手卻總是搶先一步；每次烏龜領先的距離愈來愈短，但仍處於領先，而且一直領先下去。因此，阿基里斯不可能跑贏烏龜，也就表示所有移動都只是錯覺。

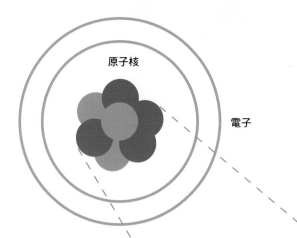

原子核

電子

原子之內

不過，原子還不是宇宙中最小的物體，而是由次原子粒子所組成。原子中的核心稱為原子核，是由質子和中子組成。中子不帶電荷，質子則帶正電，帶負電的電子圍繞在原子核周圍。質子的數量和電子數量相同，互相抵銷電荷。

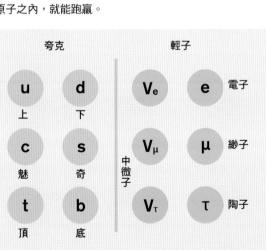

中子

質子

最終單位

另一位古希臘哲學家德謨克利特（Democritus of Miletus）對芝諾悖論的回應是，自然界萬物都能細分成微小的單位，這些單位在希臘文中稱為atomon，也就是不可分割，因此也稱為「原子」（atom）。阿基里斯和賽跑中的烏龜還是有在移動，一次移動一個原子的距離，阿基里斯只要將和烏龜之間的距離縮短到一個原子之內，就能跑贏。

上夸克

u

u

u

d

下夸克

夸克

	輕子	
u 上	V_e 中微子	e 電子
d 下		
c 魅	V_μ	μ 緲子
s 奇		
t 頂	V_τ	τ 陶子
b 底		

玻色子

γ 光子	g 膠子	Z^0 Z玻色子	$W^\pm$ W玻色子

深入探索

原子中的三種次原子粒子還不是最終形態，標準模型理論認為宇宙是以16種次原子粒子組成。質子中含有三個夸克，兩上一下；中子則含有兩下一上夸克。具有質量的物體都是夸克與輕子所組成的（電子是主要成分），而控制物體行為的力則由玻色子這種粒子傳遞。

原子有多大？

原子是元素中最小的單位，很難以人類的認知來想像其大小。
更複雜的是，構成原子的粒子是靠攏在一起，也就是說在小小
原子當中，大部分的空間其實是空的。

真實世界的比例

利用最強大的顯微鏡，也就是掃描穿隧顯微鏡，可以檢測單一原子所占的區
塊，但這是用來分析原料的結構，顯微鏡中的原子影像只是一個團塊，我們
仍然很難描述原子的實際大小。唯一能夠想像原子大小的方法，是用真實世
界的物體來比較。在這個例子裡，我們用的是銅板和月亮。

原子核 的寬度	原子 的寬度
豌豆	體育館
海灘球	馬拉松一圈路程
倫敦眼摩天輪	冥王星
地球	土星軌道

銅板

像是一塊錢這樣的小
銅板，大概比1個原子
還要寬1億7千萬倍。

原子

氫原子大概是百億
分之一公尺寬。

就是這一點

在英文句子結尾的句點有7.5兆個碳原子和氫原子（大部分是氫），分給地球上每一個人，一人可以拿到大約1,000個。

月球

原子的大小之於一枚硬幣，就好像硬幣之於月球的大小，寬度大概是前者的1.7億倍。一枚硬幣落在月球上，就像一粒原子落在硬幣上那樣。

空蕩蕩

原子當然是很小的，不過裡頭的粒子所占的空間更小。原子中央的原子核比原子本身還要小10,000倍，而幾乎原子內的所有物質都包含其中。左頁的表格有助於我們想像原子核的大小，以及原子核周圍的電子雲大小。

百分之99.9999999999996

的原子（由此引申，也可說是宇宙中的每個物體）其組成基本上什麼也沒有。

怎麼看週期表

我們現在知道元素不只4個，而是超過100個，不過其中只有大約90個是自然產生的。所有元素都由原子組成，每一個元素的質子數都不相同，這就是原子序數。

原子序數
化學符號
名稱

電子數

原子不帶任何電荷，永遠保持中性，因為在一個原子中，電子數永遠等同於原子序。

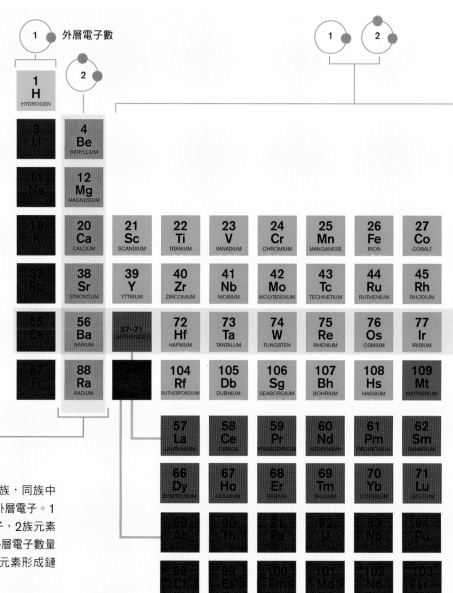

外層電子數

族

同一欄的元素同為一族，同族中的元素有相同數量的外層電子。1族元素有1個外層電子，2族元素有2個，依此類推。外層電子數量會影響該原子與其他元素形成鏈結的方式。

電子殼層

電子排列在原子核周圍的殼層內，每個
殼層只能容納固定數量的電子。

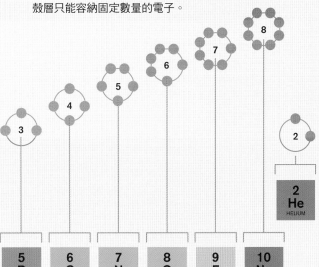

外層電子

大多數原子的外層電子
殼層並未填滿，外層的電
子數量讓原子具有不同特
性。

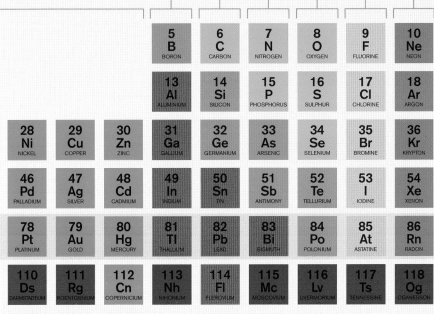

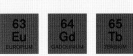

週期

同一列的元素，或稱在同一週期，原子中所帶的電
子殼層數量相同。第1週期有2個元素，因為第1層
電子殼層能容納2個電子。第2週期有8個元素，因
為第2層殼層可以容納8個電子；第3層殼層可以容
納18個電子，但只有前8個位置被填滿，要等前2個
電子進入了第4層殼層，剩下的位置才會填滿，如此
便構成了元素的中央區塊，或稱系列。

1族元素

1族元素也稱為鹼金屬，包括鈉、鉀，以及其他活性高的金屬，1族的金屬元素會跟水產生劇烈的反應，暴露在空氣中也可能起火燃燒，要儲存在油類中以避免爆炸。

為什麼沒有氫？

氫是氣體，而非金屬，基本上屬於1族元素，不過氫氣是以重量最輕、組成最簡單的原子構成的氣體，被視為是特殊的元素，具有獨特的化學特性。

深入探索

・之所以將這族的金屬元素稱為「鹼金屬」，是因為這些元素有一個共通特性，也就是遇水會產生反應，生成強鹼化合物。鹼性化學物質會與酸作用，生成中性化合物，稱為鹽。

・1族金屬在純元素的狀態下都具有閃亮光澤，但是和空氣反應後，很快就變得黯淡。而且1族金屬質地也相當柔軟，能用刀子切開。

・1族的前3個元素是鋰、鈉、鉀，密度比水還低，所以能夠浮在水面上。另外3個元素則會下沉。

Lithium這個名稱取自拉丁文lithos，意思是「石頭」。

英文名Sodium來自於阿拉伯文的suda，意思是「頭痛」，因為碳酸鈉是傳統常用的頭痛藥。化學符號Na則來自「泡鹼」（natron），埃及製作木乃伊時會使用這種天然鈉鹽。

將燃燒植物的灰燼泡在一壺水裡，就能做成草鹼（potash），以此為鉀（potassium）命名。化學符號K來自拉丁文kalium，意思是「鹼」。

英文名rubidium來自rubidus，意思是「深紅色」，指的是金屬燃燒時，火焰發出的紫紅色。

英文名Caesium來自caesius，意思是「天藍色」，指的是這種金屬燃燒時發出的火焰顏色。

以法國命名，因為發現者瑪格麗特・佩里（Marguerite Perey）是法國人。

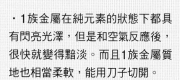

氧化態

所有鹼金屬都只會形成一種氧化態，就是+1，這表示這些元素進行反應時會失去外層唯一的電子，形成帶+1電荷的離子。

熔點

所有鹼金屬的熔點都很低。天氣溫暖的時候，銫和鉨會變成液態。

火焰顏色

鹼金屬燃燒時各自會產生不同顏色的火焰，如果將這些元素電解為氣體也會出現相同的顏色。氣態鈉所發出的橘光會用在某些照明用途。

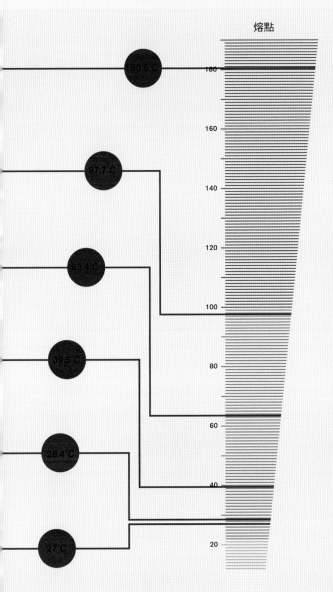

熔點

180.5°C
97.7°C
63.4°C
39.5°C
28.4°C
27°C

180
160
140
120
100
80
60
40
20

Li　Na　K　Rb　Cs

💧 = 液態　🧊 = 固態　☁ = 氣態　⬡ = 非金屬　⬡ = 金屬　◖ = 類金屬　? = 未知

2族元素

這一族的金屬也稱為鹼土金屬，因為這些金屬的「土狀」（也就是粉狀的氧化物）都是鹼性。這族所有元素的原子都有2個外層電子。2族元素大部分的金屬遇到冷水都會產生反應，生成氫氧化物和氫氣，只有鈹不合群，在水中不會改變。

有用的金屬

2族金屬的原子結構都一樣，但用途卻相當廣泛。

· 鈹：鈹金屬在純淨狀態下，X光能夠穿透，不過當然光是透不過去的。X光機射出掃描光束時便會通過一面鈹製窗口。

· 鎂：鎂乳是將水和氧化鎂混合後的製品，經常用來治療消化不良和便秘。

· 鈣：這種金屬與磷酸鹽結合後便是骨頭和牙齒中的堅硬材料。

· 鍶：這種金屬讓煙火綻放出紅色火花。

· 鋇：與硫酸鹽形成的化合物，人體服用後，在醫學用X光照射下便能顯現出柔軟的腸道。

· 鐳：鐳能發出放射線，曾經有人認為能促進健康，不過現在受到嚴格管控。

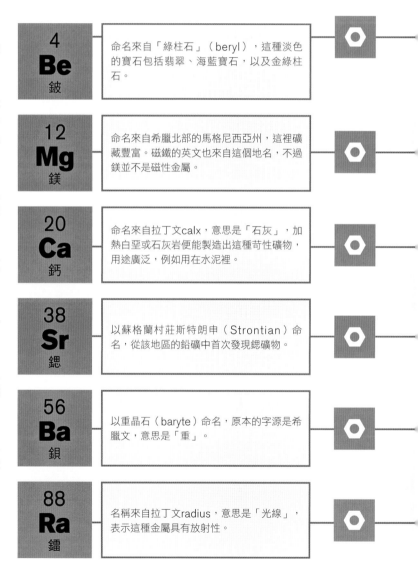

4 **Be** 鈹	命名來自「綠柱石」（beryl），這種淡色的寶石包括翡翠、海藍寶石，以及金綠柱石。
12 **Mg** 鎂	命名來自希臘北部的馬格尼西亞州，這裡礦藏豐富。磁鐵的英文也來自這個地名，不過鎂並不是磁性金屬。
20 **Ca** 鈣	命名來自拉丁文calx，意思是「石灰」，加熱白堊或石灰岩便能製造出這種苛性礦物，用途廣泛，例如在水泥裡。
38 **Sr** 鍶	以蘇格蘭村莊斯特朗申（Strontian）命名，從該地區的鉛礦中首次發現鍶礦物。
56 **Ba** 鋇	以重晶石（baryte）命名，原本的字源是希臘文，意思是「重」。
88 **Ra** 鐳	名稱來自拉丁文radius，意思是「光線」，表示這種金屬具有放射性。

氧化態

鹼土金屬進行化學反應時會失去2個外層電子，形成帶+2電荷的離子。大部分鹼土金屬都以這種方式形成化合物，但鈹也會形成共價鍵，能夠與另一個原子共享外層電子。

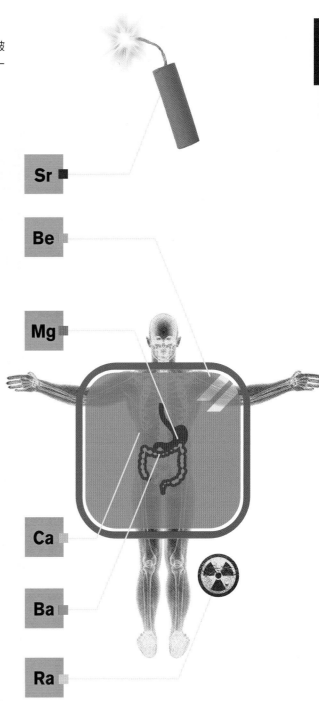

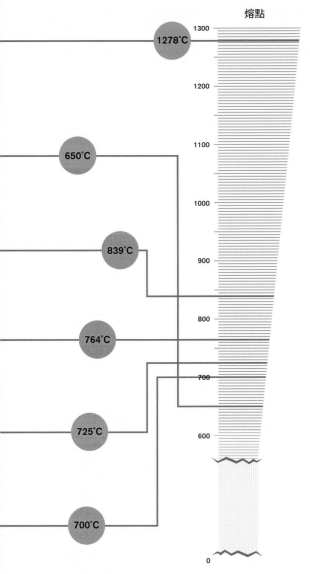

熔點

1300 — 1278°C

1200

650°C

1100

1000

839°C

900

800 — 764°C

700

600 — 725°C

700°C

0

3族元素

這族也根據第一個元素，稱為硼族元素。這一組元素也有「三組」的稱號，因為最多能夠與三個其他原子結合。不過，只有比較輕的元素能夠這麼做；重量較重的元素傾向一次只跟另一個原子結合。硼是最堅硬的元素之一，但其他同族金屬都相當柔軟。

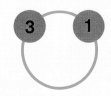

影響健康：有好有壞

3族元素能影響人類健康，而且不一定都是好的影響。

・硼：這個元素是食物中的必要營養素，但只需要少量即可。它有助於維持骨骼強健。

・鋁：這種金屬無毒，對人體也沒有任何作用。過去宣稱鋁和失智症及癌症有關，現在研究則認為是錯的。

・鎵：在對抗最嚴重、抗藥性最強的瘧疾時，這種金屬可用作最後一道防線。

・銦：大量攝取這種金屬會傷腎。金屬工人最容易接觸到這種元素。

・鉈：只要一點點這種金屬就能引起嘔吐和腹瀉，約15毫克就能致命。據說1959年，美國中情局計畫對古巴強人卡斯楚下毒，打算把當時作為脫毛劑使用的鉈鹽放在他的鞋子裡，目的是要除掉他招牌的落腮鬍，不過並沒有實行。

5 B 硼	命名來自阿拉伯文borax，意思是「白到發亮」。
13 Al 鋁	以明礬（alum）命名，自古便使用來當成染髮劑。
31 Ga 鎵	以高盧（Gallia）命名，是拉丁文中對法國地區的稱呼，因為發現者來自法國。
49 In 銦	名稱來自靛色（indigo），因燃燒時會發出這種顏色的火焰。
81 Tl 鉈	名稱來自希臘文thallus，意思是「綠苗」，代表其火焰的顏色。
113 Nh 鉨	在2016年以Nihon為名，是日本的日文發音。

氧化態

這一族的元素失去外層電子後都能
形成+3離子，不過重量較重的元素
傾向形成比較穩定的+1離子。

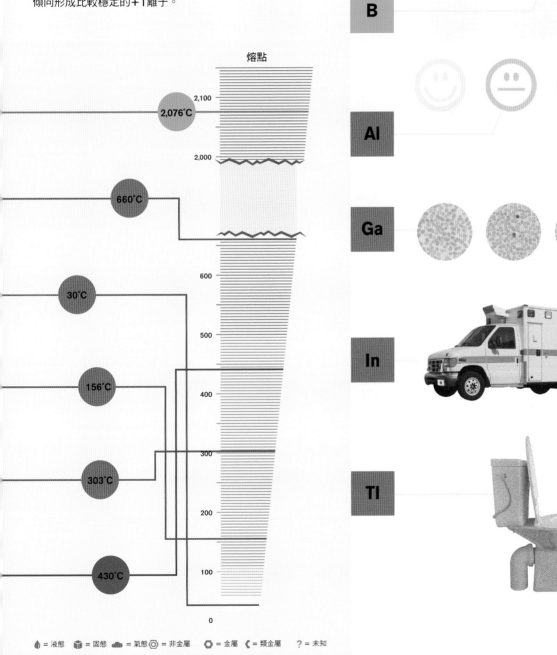

熔點

2,100
2,076°C
2,000

660°C

600

30°C

500

156°C

400

303°C

300

200

430°C

100

0

B

Al

Ga

In

Tl

🜄 = 液態　📦 = 固態　☁ = 氣態　◎ = 非金屬　⬡ = 金屬　☾ = 類金屬　? = 未知

4族元素

這一族元素又稱為「晶原」（crystallogens），因為這些元素所製造的晶體種類遠勝於週期表上其他族元素。原子帶有4個外層電子，表示這些元素的外殼層是半滿，因此可以失去或獲得電子，最多一次可以跟其他四個元素形成鍵結。

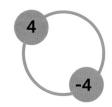

關於4族元素

· 只有這一族的所有元素在常態下都保持固態，同時也囊括非金屬、類金屬與金屬。

· 4族中所有元素都有能導電的純粹形式，例如石墨碳的導電性非常高（但鑽石沒有）。矽和鍺都是半導體，既能當成絕緣體，也能當成導電體使用。

· 4族元素的原子最多可以製造4個鍵結，有時會彼此形成雙鍵，或甚至3鍵結。

· 碳和矽可以形成鏈狀、支鏈狀，以及環狀分子。目前已知的一千萬種化合物中，九成都含有碳。

· 錫和鉛可以形成+2離子，因此具有金屬特性。

· 在地殼發現的所有造岩礦物中，九成都含有矽酸鹽。

6 C 碳 — 來自拉丁文carbo，意思是「煤炭」。

14 Si 矽 — 來自拉丁文silex，意思是「打火石」。

32 Ge 鍺 — 以發現地德國（Germany）命名。

50 Sn 錫 — 命名來自古英文名字，化學符號指的是拉丁文stannum。

82 Pb 鉛 — 命名來自古英文名字，化學符號來自拉丁文plumbum。

114 Fl 鈇 — 命名來自俄國杜布納的弗列洛夫（Flerov）研究所。

氧化態

大部分晶原元素會丟掉外層電子，形成+4離子。只有碳能夠獲得電子，形成-4離子，稱為碳化物。

熔點

碳是所有元素中熔點最高的，只是會直接昇華為氣體。

價格有高低

4族元素樣本的價格取決於該元素在地殼中蘊藏是否豐富，以及提煉的成本。

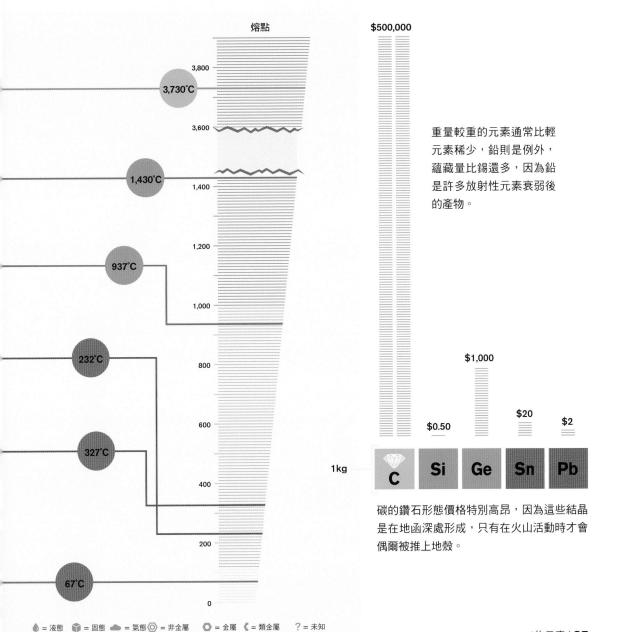

熔點

3,800

3,730°C

3,600

1,430°C

1,400

1,200

937°C

1,000

800

232°C

600

327°C

400

200

67°C

0

$500,000

重量較重的元素通常比輕元素稀少，鉛則是例外，蘊藏量比錫還多，因為鉛是許多放射性元素衰弱後的產物。

$1,000

$0.50 $20 $2

C   Si   Ge   Sn   Pb

1kg

碳的鑽石形態價格特別高昂，因為這些結晶是在地函深處形成，只有在火山活動時才會偶爾被推上地殼。

🌢 = 液態　🧊 = 固態　☁ = 氣態 ◎ = 非金屬　⬡ = 金屬　❰ = 類金屬　? = 未知

5族元素

這一族元素也是包含了非金屬、類金屬及金屬的多元形態，這些元素也稱為窒原（pnictogens），意思是「造成窒息」，指的是這族的第一個元素氮。空氣中有一大部分是氮氣，對維持生命卻沒有用處。

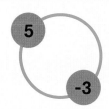

5

-3

關於5族元素

這一族中所有元素都可致命。氮本身不會致命，畢竟我們呼吸時一直會接觸到，但是純氮的大氣會導致窒息。其他元素也都會危害健康或致命。

人類使用這些元素組成的化合物已經有幾千年歷史。

· 鹵砂是一種富含氮的礦物，有醫藥用途，古埃及人也用作染料。硝酸鉀，也就是硝石，則是火藥中的成分。

· 骨灰中的磷酸鈣可以用來強化陶器，製成骨瓷。第一次提煉出純粹的磷時，鍊金術師認為這就是賢者之石。

· 砷是從雄黃這種礦物中提煉出來，在文藝復興藝術中會用在金色顏料裡，也能用來製作毒鏃。

· 粉狀的輝銻礦（硫化銻）可以用作化妝墨，埃及和波斯人會用來畫深色眼影。

· 印加人把鉍加入刀子裡。

7 N 氮	意思是「製造硝石」，指火藥中的關鍵成分，也就是硝酸鉀這種化學物。
15 P 磷	命名來自於希臘文的「晨星」，也就是「賦予光明」的意思。純磷在特定條件下可以發光。
33 As 砷	命名來自阿拉伯文的al zarniqa，意思是「金黃色的」，用來指稱含砷的礦物雄黃，是鮮豔的黃色。
51 Sb 銻	英文名字的意思是「殺僧者」。銻中毒讓許多古代科學家喪命，而他們大多是僧侶。化學符號則是來自同義的拉丁文stibium。
83 Bi 鉍	命名來自古德文Wismuth，意思是「白色物質」，指稱顏色偏白的礦物鉍華。
115 Mc 鏌	以俄國莫斯科命名，這是距離聯合原子核研究所最近的城市，在這個研究所首次合成出鏌元素。

氧化態

從氮到砷這幾個排列在上的元素大多會形成帶負電荷-3的離子；排列在下的銻和鉍也可以形成+3和+5的離子。

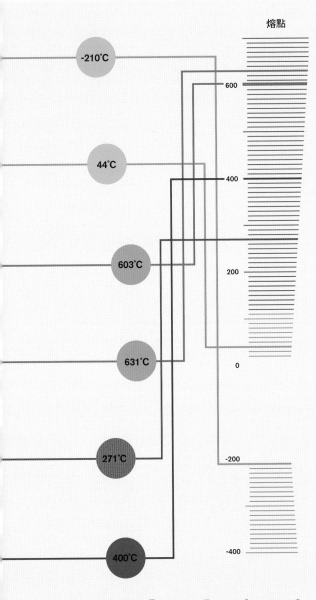

熔點

-210℃

600

44℃

400

603℃

200

0

631℃

-200

271℃

-400

400℃

● = 液態 ◆ = 固態 ☁ = 氣態 ◎ = 非金屬 ○ = 金屬 ◖ = 類金屬 ? = 未知

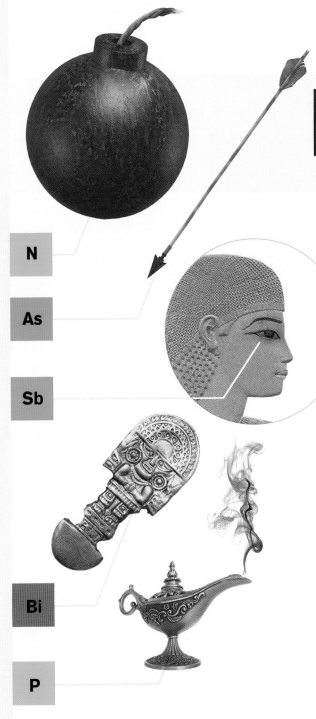

N

As

Sb

Bi

P

魔法材料

1660年代，第一次有人提煉出純磷，當時的人相信這是賢者之石，也就是能夠製造出純金的魔法化學物。

6族元素

也稱為礦原（chalcogens），意思是「製造礦物的」，這一族的主要元素是氧和硫，這兩種元素是週期表中最常見、化學活性最高的非金屬，大部分鐵礦和其他實用性高的金屬都含有這兩個元素。其他元素則相當罕見，也有比較特定的用途。

關於6族元素

以6族元素所構成的簡單離子化合物，英文字根為-ide，像是氧化物（oxide）、硫化物（sulphide）等等，排列在下的元素則會與氧形成多原子離子，如果有三個氧，離子化合物的英文字根為-ite，像是亞硫酸鹽（sulphite）等；如果有四個氧，英文字根是-ate，例如硫酸鹽（sulphate）等等。

6族中所有元素都擁有幾個結構不同的純物質，或稱同素異形體：

· 氧有四種形式：雙原子氧（O_2）也就是空氣中的氧氣，液態時呈現淡藍色；臭氧（O_3）則是較深一點的藍色；四聚氧（O_4）只會在氧氣液態化時形成，如果持續冷凍，就會形成O_8分子，變成紅氧。

· 硫有三種形式：菱形硫是黃色的，單斜硫是橘色，彈性硫則是黑色。

· 硒有三種形式：黑色、灰色和紅色。

· 碲有兩種形式：碲結晶是金屬光澤的銀色，非晶質的碲則是棕色粉狀。

· 釙有兩種形式：立方體或菱形體結晶。

8 **O** 氧	意思是「製酸的」，法國化學家安東萬·拉瓦節（Antoine Lavoisier）誤以為氧跟酸類有關。其實氫才是酸類的重要元素。
16 **S** 硫	命名來自拉丁文sulpur。在火山附近發現了這個元素的純粹形式，也是最早被發現的元素之一。
34 **Se** 硒	命名來自希臘文中月亮的意思。
52 **Te** 碲	命名來自拉丁文中地球的意思。
84 **Po** 釙	1898年以波蘭命名，在當時波蘭是個分裂的國家，分別受到俄國及奧地利控制。
116 **Lv** 鉝	以美國加州的勞倫斯立佛莫（Lawrence Livermore）國家實驗室命名，這是少數幾個合成新元素的地方。

氧化態

這一族的元素都可以獲得2個電子後形成-2離子。釙可以丟掉電子而形成＋2與＋4離子，因此金屬特性很高。這些元素跟氧結合會形成多原子離子，非氧原子的氧化態會是＋6。

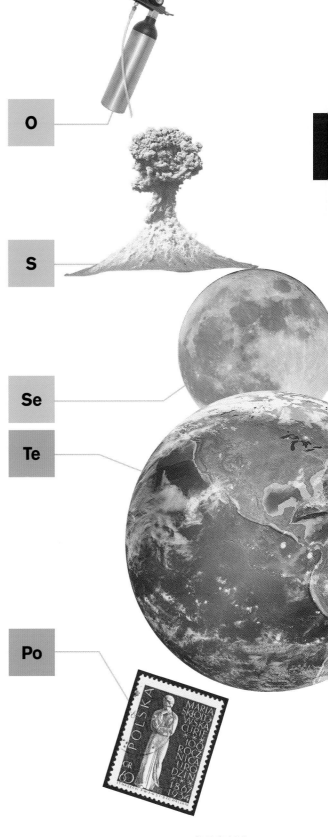

O

S

Se

Te

Po

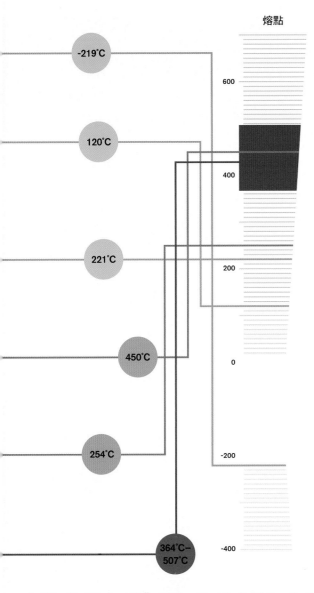

熔點

600

400

200

0

-200

-400

-219°C

120°C

221°C

450°C

254°C

364°C– 507°C

💧 = 液態　📦 = 固態　☁ = 氣態　◎ = 非金屬　⬡ = 金屬　⬗ = 類金屬　? = 未知

7族元素

這一族也稱為鹵素，這些非金屬元素中有幾個具有高度活性，尤其是氟。「鹵素」這個名稱的意思是「造鹽的」，因為鹵素能夠形成穩定的固態化合物，稱為鹽類，英文名稱會以-ide結尾。大家最熟悉的就是氯化鈉，更常見的名稱是食鹽。

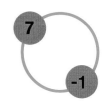

鹵素的用途

所有鹵素如果使用到一定的大劑量就會致命，不過很多還是會用在人體上，對身體有益，有衛生保健用途。

· 氟：雖然純氟的活性很高，而且會造成危害，不過牙膏中會添加氟鹽，可以強健琺瑯質中的化學物。

· 氯：漂白水和其他清潔產品都是靠氯產生化學作用，氯還會破壞有顏色的化合物，使其無法吸收光線，因此就能呈現潔白。

· 溴：含溴化合物可以用於阻燃劑，火焰的熱氣會使其釋放出溴原子，就能干擾燃燒過程。

· 碘：碘是一種溫和而有效的抗菌劑，可以用來消毒傷口。攝影用的底片還會用碘化銀這種鹽類做為活性成分。

· 砈：這是具有放射性的鹵素，只能在實驗室中合成，目前尚未有任何用途。

9
F
氟

命名來自於螢石這種礦物，而螢石的名稱又是因為能當成助熔劑使用，在冶煉金屬時能夠用來去除雜質。

17
Cl
氯

命名來自古希臘文khlôros，意思是「綠色」。純氯是淡綠色氣體。

35
Br
溴

命名來自希臘文中的「惡臭」一字，指稱溴蒸汽所散發出的強烈刺鼻味道。

53
I
碘

命名來自希臘文中的「紫羅蘭」一字，指稱固體碘昇華時蒸汽的顏色。

85
At
砈

命名來自希臘文astatos，意思是「不穩定的」。砈的放射性很高，在地球上出現一次只有幾公克。

117
Ts
鿬

以美國田納西州命名，橡樹嶺國家實驗室就在這裡，該實驗室也參與這個元素的合成。

?

氧化態

所有鹵素大都只會形成一種氧化態，就是-1。這表示這些元素參與反應時，會獲得一個外層電子，形成帶-1電荷的離子。但與氧結合成多原子離子如過氯酸，氧化態為+7。

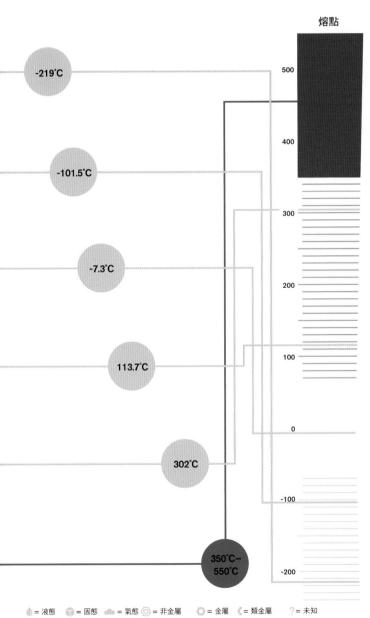

熔點

-219℃

-101.5℃

-7.3℃

113.7℃

302℃

350℃–
550℃

500

400

300

200

100

0

-100

-200

F

Cl

Br

I

At

= 液態　　= 固態　　= 氣態 ⊚ = 非金屬　　= 金屬　　= 類金屬　? = 未知

8族元素

有些化學家喜歡稱之為0族元素，這些元素的原子有8個外層電子，因此外殼層是全滿的，也就沒有電子能夠參與化學反應。8族元素都沒什麼活力，不太會產生反應，因此也稱之為惰性氣體：懶得跟一般元素起反應。

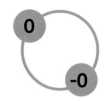

惰性氣體

8族所有元素都是氣體，至少我們目前所知的元素是如此。最近才人工合成了一個新元素的幾個原子，稱為氣（Og），不過現在要說明其物理特性還太早。

· 其他氣態元素，像是氫、氟和氮，都有雙原子分子，也就是H_2、N_2、F_2，兩個原子鍵結在一起；不過惰性氣體只會形成一團單原子，惰性氣體的原子彼此之間無法鍵結。

· 惰性氣體的密度隨著排列往下而增加。氦的重量是所有元素中第二輕的，僅次於氫；氖比空氣還輕。氬和氪稍微重一點，氙和氡的密度相對於空氣則比較高，如果灌到氣球裡，就是沒人喜歡的「鉛氣球」了。

· 在實驗室環境裡，就有可能讓氪、氙與氫和氟形成鍵結，方法是逼這些氣體從原子內釋放出1個電子，形成+1離子。

2 He 氦	英文名稱的意思是太陽，來自希臘神話中的太陽神赫利歐斯（Helios）。最初是從太陽光譜中發現了氦，一開始以為是金屬元素，而非氣體。
10 Ne 氖	意思是「新的」。
18 Ar 氬	意思是「懶惰的」。氬在空氣中占比約1%，卻似乎沒什麼作用。
36 Kr 氪	意思是「隱藏的」。
54 Xe 氙	意思是「奇怪的」。
86 Rn 氡	意思是「有放射性的」。
118 Og 氣	這是重量最重的元素，以俄國核子物理學家尤里·奧加涅相（Yuri Oganessian）命名。

氧化態

惰性氣體不會丟掉或獲得電子，因為原子的外殼層已經充滿了電子。氧化態維持在0。

燃氣燈

所有惰性氣體通電後都會發出獨特的色彩，這就是我們所知「霓虹燈」的基礎，氖是第一個作此用途的氣體。

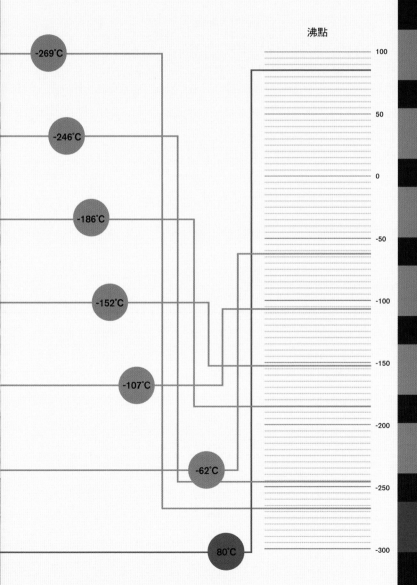

沸點

He

Ne

Ar

Kr

Xe

Rn

Og

-269°C
-246°C
-186°C
-152°C
-107°C
-62°C
80°C

100
50
0
-50
-100
-150
-200
-250
-300

💧 = 液態　📦 = 固態　☁️ = 氣態　◎ = 非金屬　⬡ = 金屬　◀ = 類金屬　? = 未知

過渡元素

我們進入到週期表的第4週期後，何為同一族元素的概念就行不通了。在2族元素之後，原子序持續增加，但外層電子的數量卻保持不變，這裡便形成了一個金屬元素的區塊，其中有許多是大家都熟悉的，稱為過渡元素。

填充電子

過渡元素的原子和其他元素的原子都遵循相同的規則：電子數量永遠和質子數量相等。但是，額外的電子並不會增加到原子的最外殼層，而是往內填充至下一層電子殼層。

都是金屬

有過渡元素總數38個，都是金屬，這是因為外層電子的數量。大部分都有2個外層電子，但是其中有12個元素（包括銅、銀和金）只有1個外層電子。

21 Sc 鈧	22 Ti 鈦	23 V 釩	24 Cr 鉻	25 Mn 錳	26 Fe 鐵	27 Co 鈷
39 Y 釔	40 Zr 鋯	41 Nb 鈮	42 Mo 鉬	43 Tc 鎝	44 Ru 釕	45 Rh 銠
	72 Hf 鉿	73 Ta 鉭	74 W 鎢	75 Re 錸	76 Os 鋨	77 Ir 銥
	104 Rf 鑪	105 Db 𨧀	106 Sg 𨭎	107 Bh 𨨏	108 Hs 𨭆	109 Mt 䥑

又是一樣

第5層的規則也跟第4層類似。我們進入到第6週期後，第5電子殼層就會開始填充，這一層有24個空位，便形成了內過渡元素，通常稱為鑭系元素與錒系元素。

內殼層

原子中的第一層電子殼層能夠容納2個電子,而第1週期有2個元素;第2層能夠容納8個電子,第2週期有8個元素。而第3層可以容納18個電子,填滿前8個空間後,接下來的2個電子就跑到第4層了,這個時候,第3殼層的10個空位才開始填滿,這就形成了過渡元素。

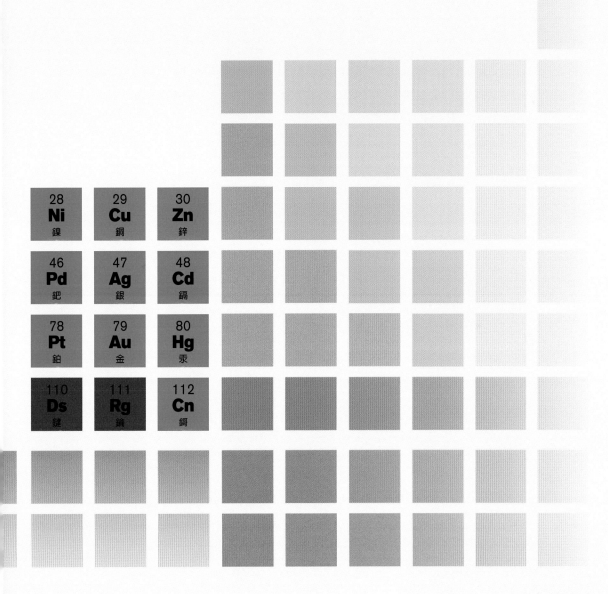

內過渡金屬

週期表最下方的兩排元素代表內過渡金屬，不過更常聽到的名稱

57–71
鑭系元素

89–103
錒系元素

是分成兩個系列：鑭系元素和錒系元素。隨著這些元素的質量增加，額外的電子並非位於最外殼層，也不是由最外往內數來的第2層，而是最外往內數第3層的某個區塊，稱為f軌域。

鑭系元素

這個系列以第1個元素「鑭」命名，包含15個元素，都是金屬，也經常稱之為稀土金屬。

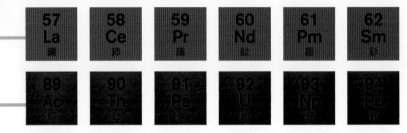

| 57 La 鑭 | 58 Ce 鈰 | 59 Pr 鐠 | 60 Nd 釹 | 61 Pm 鉕 | 62 Sm 釤 |
| 89 Ac 錒 | 90 Th 釷 | 91 Pa 鏷 | 92 U 鈾 | 93 Np 錼 | 94 Pu 鈽 |

錒系元素

這個系列以第1個元素「錒」命名，同樣包含15個元素，都是放射性金屬。只有鈾和釷這兩個元素在地球上的存量較豐。

稀土元素

鑭系元素之所以也稱為「稀土」，是因為這些元素通常會一起出現在同一塊礦石中，很難分離開來，例如獨居石和矽鈹釔礦。

釔和鈧

雖然這兩個元素原子內的電子組態並不如鑭系元素複雜，不過因為鈧和釔這兩種過渡金屬會和鑭系元素出現在相同礦物裡，所以也歸類於稀土元素。

科技用金屬

雖然鑭系元素稱為稀土金屬，在地球上的藏量卻不算少，只是很難精煉純化。儘管如此，這些元素在高科技產業中都各有特殊用處，像是光學、電學和雷射。

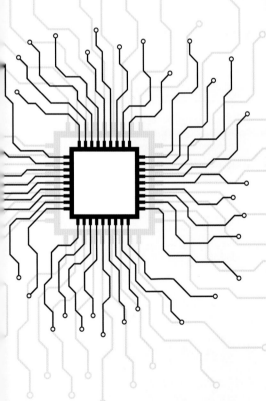

寬胖的週期表

鑭系和錒系元素比較正確的位置應該是在2族元素和過渡元素之間，不過為了讓週期表的尺寸精簡一些，這30個元素通常會放在週期表底部。

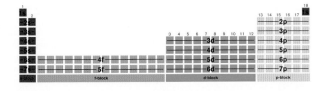

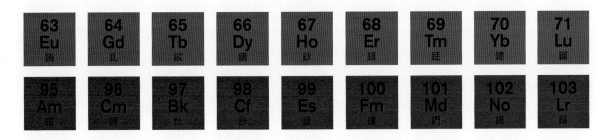

| 63
Eu
銪 | 64
Gd
釓 | 65
Tb
鋱 | 66
Dy
鏑 | 67
Ho
鈥 | 68
Er
鉺 | 69
Tm
銩 | 70
Yb
鐿 | 71
Lu
鎦 |
| 95
Am
鋂 | 96
Cm
鋦 | 97
Bk
鉳 | 98
Cf
鉲 | 99
Es
鑀 | 100
Fm
鐨 | 101
Md
鍆 | 102
No
鍩 | 103
Lr
鐒 |

太初元素

所有錒系元素都具有放射性，因此大部分都無法在自然界中發現，在地球岩層形成時所存在的太初元素，也早就已經衰變消失了。只有鈾和釷的半衰期夠長，還能留下足以開發的量，另外也分離出了少量的太初鈽元素。其他元素衰變時會形成錒、鐠與錼，於是也能在這些礦物中找到非常少量。

核燃料

釷、鈾和鈽有幾個同位素可以進行核裂變，若控制妥當，這個反應能夠釋放熱能，可以用來驅動發電機。其他錒系元素也會用於放射性同位素熱電發電機，元素的放射性所發出的熱能會直接轉換成電。

人工合成

從鈾以上，大多數錒系元素都能透過核子反應爐、原子爆炸，以及粒子加速器合成出可用數量，然後多數再利用來製造更大的元素，不過有些合成的元素，例如鋂，已經找到日常應用。

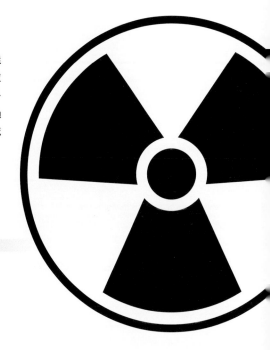

原子的形狀

我們一般的想像中，原子就像顆小小的球，不一定是固體，但也是一團球狀的物體。然而，根據量子力學的研究，原子的形狀各異，取決於電子的位置。

有如一團雲的概念

電子是不斷圍繞著原子核移動的，因此無法同時決定電子的位置並知道電子運動的方向。於是，物理學家從機率中取其平衡，結果電子就像處於圍繞著原子核的區塊中，區塊內就是電子有可能出現的位置，因此就成了一團電荷，稱為軌域，而電子就在這裡某處。

p 軌域

接下來的6個電子會填滿呈葉片形狀的p軌域。3族至8族的元素就是週期表上的 p 區元素，因為外層電子都處於p軌域。

d 軌域

擁有超過3個殼層的原子會使用到d軌域。這些電子不會變成原子的外層電子，而是位於底下的殼層。過渡元素也稱為d區元素，其原子都依此構成。

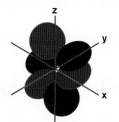

f 軌域

擁有超過5個殼層的原子會使用到f軌域。鑭系和錒系元素也可稱為f區元素。

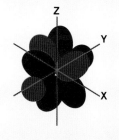
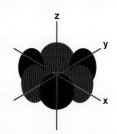

s 軌域

每個殼層的頭兩個電子會填滿圓形的 s 軌域，1族和2族元素是週期表上的s區元素，因為外層電子處於s軌域。

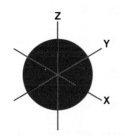

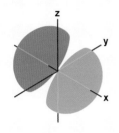
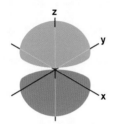
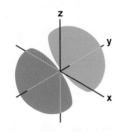

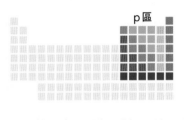

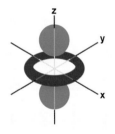
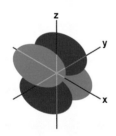
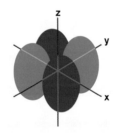

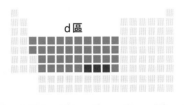

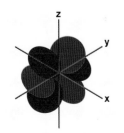
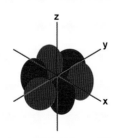
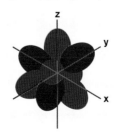

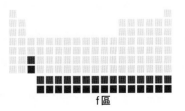

發現的先後順序

1

目前的週期表版本中有118個元素，每一個都經過不同的方法證實，這些元素是單一種物質，無法再分解成其他更單純的元素。最新的元素鿫（Og）一直到2015年才發現，不過要列出這所有元素的浩大工程，則是從開天闢地就開始進行了。

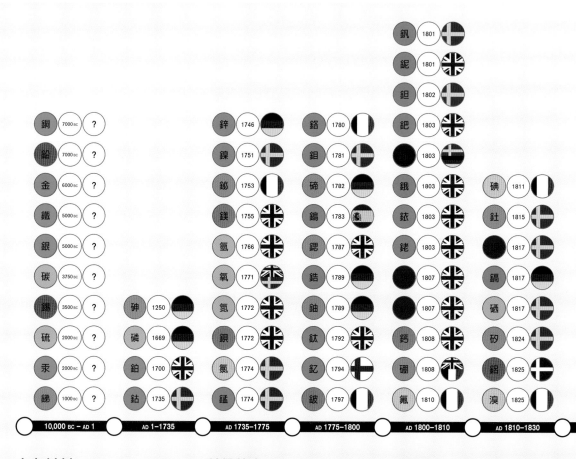

古老材料
古時候的人相信這個世界僅由幾個元素構成，有些文化說4個，有些則說是6個，不過即使在此時，許多元素物質已經廣為人知且廣泛使用。

科學革命
18世紀時因為化學知識急速增長，科學探究的成果極為豐碩，包括發現了新的金屬和幾種氣體。

電解
1800年代時應用了電解這種新科技，利用電流將化合物分解成未知的元素，讓元素的種類爆炸性成長。

優先順序

許多元素的發現，是競爭激烈的事，不同國家的化學家會宣稱是自己先發現的。
這張圖表的依據是證明此元素物質特性的化學家或團隊，該元素可能在這張圖表
所記錄的時間點之前就被發現，但當時尚未辨認出或證明是新元素。

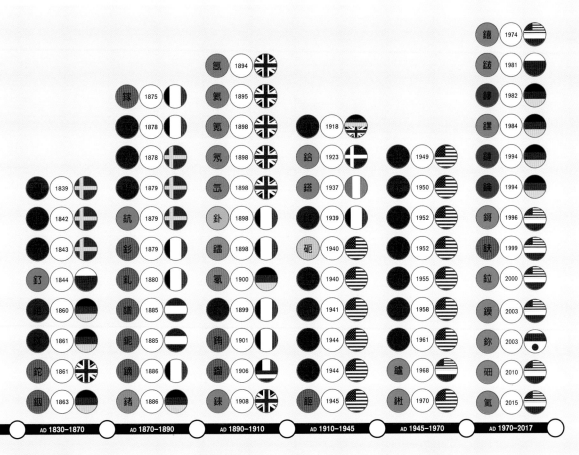

| AD 1830–1870 | AD 1870–1890 | AD 1890–1910 | AD 1910–1945 | AD 1945–1970 | AD 1970–2017 |

礦產資源

現在所有常見的元素都已經被發現
了，要發現剩下的太初元素（自然
產生），只能分析罕見而稀少的礦
物，過程十分艱難。

放射性

20世紀交替之初，發現了放射性的
現象，也就是一個元素的原子會衰
變成另一個原子，從而發現了一系
列新的罕見元素。

人工合成

為了駕馭原子的能量來製造武器、
並做為能源的來源，而發展出一套
科技，讓化學家能夠製造人工合成
的元素，這個過程至今依然在進行
中。

週期表的歷史

週期表是由俄國化學家門得列夫創造的，我們今日所使用的週期表設計，是從他1869年所發展的系統衍生而來，不過這套系統是受到過許多前人嘗試組織元素的方法所啟發。

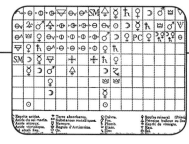

2. 親和性

1718年，法國的化學家艾提恩・弗朗索瓦・鳩弗洛（Étienne François Geoffroy）使用鍊金術士的符號，依據物質互相結合或反應的方式表列出來。

4. 原子

約翰・道耳頓（John Dalton）是第一個發現元素是以原子組成的化學家。1808年，他做了這張表格，是以相對重量來排列元素。

1. 鍊金術

鍊金術士的身分和巫師很像，可說是現代化學家的先驅，他們將物質依據其魔法特性分類，賦予符號和性別，還將之與行星連結。這張表是由15世紀時的貝西・瓦倫泰（Basil Valentine）所製。

3. 簡單物質

1789年，安東萬・拉瓦節繪製了一張「簡單物質」的列表，這是元素表的濫觴之一，不過這張表將光、熱和幾種化合物都列進去了。

在發現真相以前

無論是門得列夫，或是在他之前的化學家，對原子的結構都不清楚，也不知道如何影響各個元素的特性。他們不知道有次原子粒子的存在，對原子序數也沒有概念，而原子序是現在用來組織元素的主要依據。這些化學家反而是著眼於元素的相對重量及其化學特性，尤其是原子價。元素的原子價是與其他元素結合的能力，或說能夠和多少其他元素結合成化合物。門得列夫成功將原子量和原子價統合在一起，不過他並不知道，自己也是順著原子結構來安排元素。

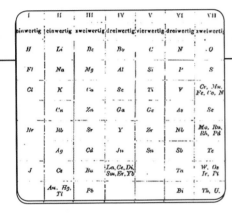

5. 三元組

1817年，德國化學家約翰·德貝萊納（Johann Döbereiner）提出了三元組定律，他發現有些元素3個、3個成一組，彼此有共同特性。這個理論於1829年發表。

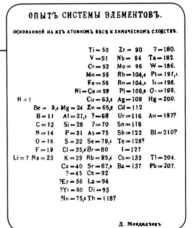

週期

終於，到了1869年，門得列夫將元素的原子價中重複出現的模式，或稱週期，繪製成了我們今日所知的週期表樣貌。不過，這裡所列出的初始圖表顯示，他將週期歸類成一欄一欄，而非我們今日所使用的列。

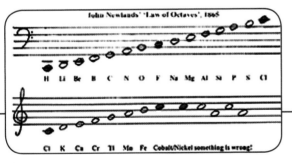

6. 元素八音律

1864年，英國化學家約翰·紐蘭茲（John Newlands）發現，雖然各個元素的相對重量各不相同，沒有兩個元素的重量一致，但化學特性卻有一特定模式，每8個元素便重複一次。他將這些組合稱為八音律，甚至想要用樂譜的形式來呈現化學週期。

不同樣貌的週期表

門得列夫是在玩撲克牌接龍時，發現如何畫出週期表的定案。接龍是將撲克牌排列成橫列和直欄，因此他的週期表也以列和欄排列。不過還有其他樣貌的週期表。

版面設計的技巧

其實，門得列夫的週期表應該比我們一般所見到的要寬得多，f區（也就是鑭系與錒系元素）應該落在s區（1族和2族元素）和d區（過渡元素）之間。幾乎所有我們看到的週期表，這塊寬闊的區塊都被挪到下方，這樣週期表才能塞進較小的空間，也比較易讀。不過，圓圈形狀的週期表就能用不同方式解決這個問題。

多層螺旋

1964年，德國語文學家提爾多・班費（Theodor Benfey）設計了一種多中心螺旋的週期表，「週期間隔」表示一個新週期的開端（在門得列夫的版本會另起一列），s區和p區元素以螺旋狀排列在氫周圍。

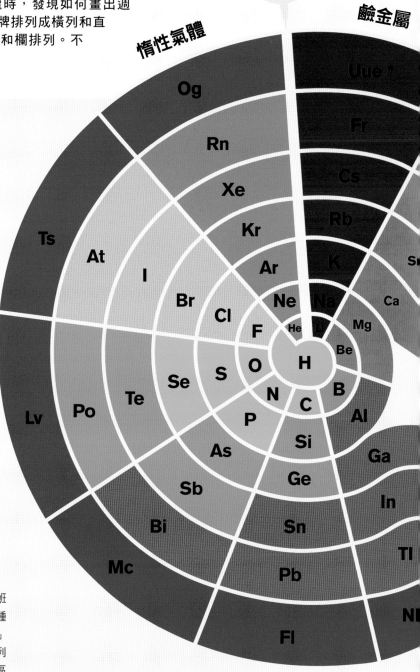

週期分隔

惰性氣體

鹼金屬

*Uue是為下一個被發現的新元素所暫設的化學符號，英文名稱 Ununenium（尚無中文定名），原子序數119，尚未成功合成。

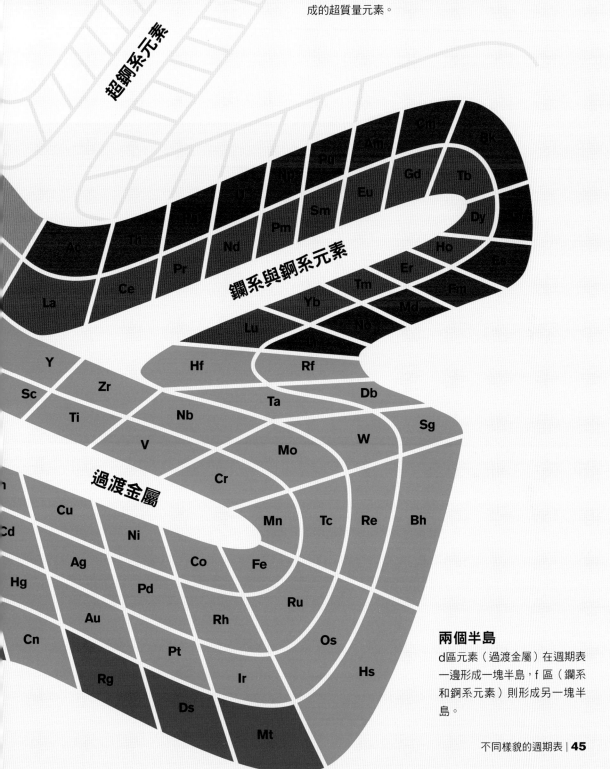

不怕過時

班費的版本還能容納新的g區元素，稱為超錒系元素，是尚未在實驗室中合成的超質量元素。

超錒系元素

鑭系與錒系元素

過渡金屬

兩個半島

d區元素（過渡金屬）在週期表一邊形成一塊半島，f 區（鑭系和錒系元素）則形成另一塊半島。

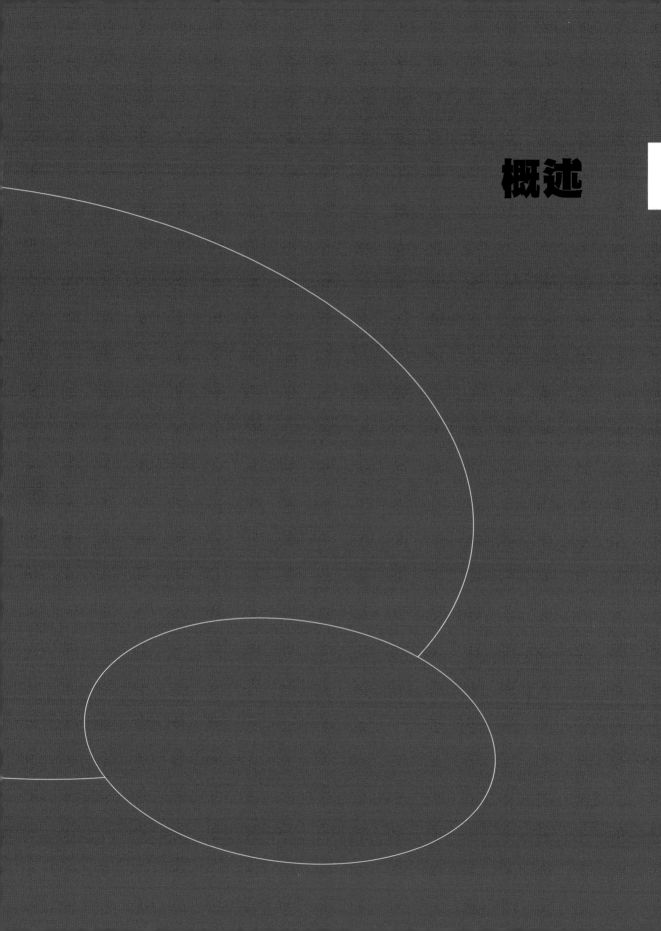

概述

原子有多少

原子實在太小了,即使用最強大的顯微鏡也看不到,因此很難一個個數。於是,化學家用一個單位將原子圈在一起,稱為莫耳(mole),1莫耳的原子數是602,214,179,000,000,000,000,000。

1莫耳的秒數比整個宇宙的年歲還要長1百萬倍。

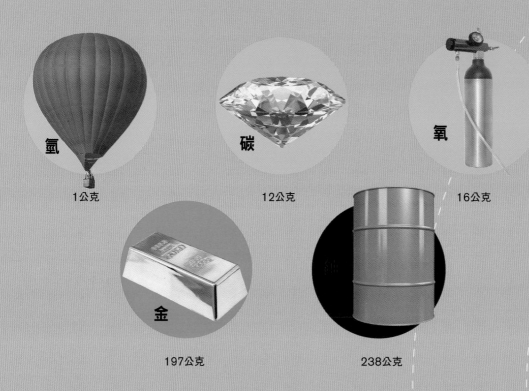

氫
1公克

碳
12公克

氧
16公克

金
197公克

鈾
238公克

莫耳與原子

我們可以數出每個元素中的原子數,因為每個元素的原子質量各不相同。這是根據原子中的質子數和中子數(電子小到數不出來)得出。氫有1個質子,而碳有6個質子和6個中子,因此氫的相對原子質量(relative atomic mass, RAM)是1,碳的RAM則是12;也就是說,碳原子一定會比氫原子重12倍。於是,化學家便決定1莫耳的元素原子就是以公克計的RAM。

602,214,179,000

1莫耳的米粒能夠覆蓋整個月球表面，深度達1,000公尺（不過這個數量會比整個農業發展以來所種植出的稻米還多）。

1公里

750萬次

如果你堆起1莫耳的紙張，可以蓋出一座高塔，高度是從太陽到冥王星來回750萬次。

2莫耳的貓就和地球一樣重。

原子有多大

隨著原子序數增加，原子也愈來愈重，因為原子內的粒子數愈來愈多。但是，原子的大小是以半徑來計算，也就是原子核到外層電子殼層的距離，所以不是按照相同的方式增加。

大小變化的趨勢

隨著一個個週期看下去，原子半徑會一個個縮小。隨著質子數量增加，正電荷也隨之加強，將外層電子抓得更緊，讓電子更靠近原子核。在每個週期的開始，會多出一層新的電子，又讓原子擴大。

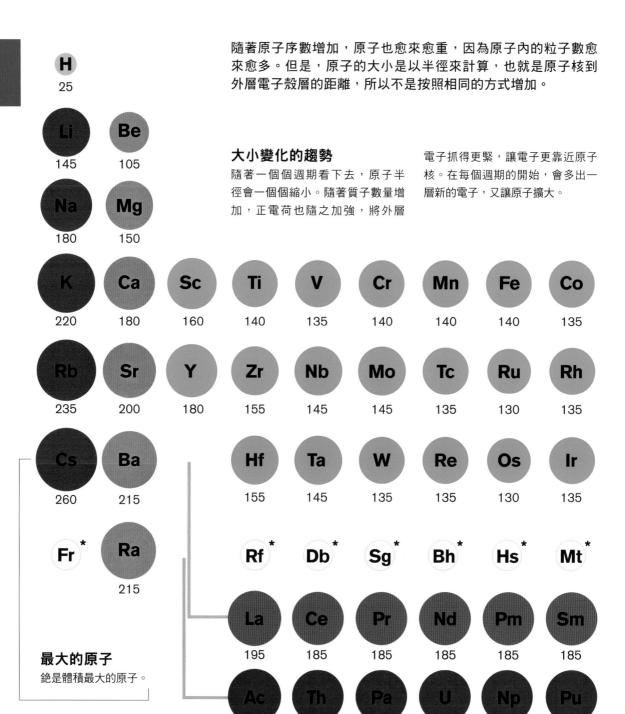

H		
25		

Li	Be
145	105

Na	Mg
180	150

K	Ca	Sc	Ti	V	Cr	Mn	Fe	Co
220	180	160	140	135	140	140	140	135

Rb	Sr	Y	Zr	Nb	Mo	Tc	Ru	Rh
235	200	180	155	145	145	135	130	135

Cs	Ba	Hf	Ta	W	Re	Os	Ir
260	215	155	145	135	135	130	135

Fr *	Ra	Rf *	Db *	Sg *	Bh *	Hs *	Mt *
	215						

La	Ce	Pr	Nd	Pm	Sm
195	185	185	185	185	185

Ac	Th	Pa	U	Np	Pu
195	180	180	175	175	175

最大的原子

銫是體積最大的原子。

半徑測量

原子的大小其實會不斷隨著吸收和釋放能量而變化，所以半徑值是測量兩個鍵結在一起的原子，計算其原子核距離然後除以2，這樣就能得出一個穩定、可驗證的數值

沒有惰性氣體

惰性氣體之間不會形成鍵結，因此無法以相同方式測量其原子半徑。

單位

原子的半徑是以皮米（pm）計量。
皮米等於1兆分之一公尺。

He *

B	C	N	O	F	Ne *
85	70	65	60	50	

Al	Si	P	S	Cl	Ar *
125	110	100	100	100	

Ni	Cu	Zn	Ga	Ge	As	Se	Br	Kr *
135	135	135	130	125	115	115	115	

Pd	Ag	Cd	In	Sn	Sb	Te	I	Xe *
140	160	155	155	145	145	140	140	

Pt	Au	Hg	Tl	Pb	Bi	Po	At *	Rn *
135	135	150	190	180	160	190		

Ds *	Rg *	Cn *	Nh *	Fl *	Mc *	Lv *	Ts *	Og *

Eu	Gd	Tb	Dy	Ho	Er	Tm	Yb	Lu
185	180	175	175	175	175	175	175	175

Am	Cm *	Bk *	Cf *	Es *	Fm *	Md *	No *	Lr *
175								

*沒有資料：稀少而短命的放射性元素無法測量其原子半徑。

密度的變化

密度指的是在一定體積內所含的質量。一般會合理認為原子最大、最重的元素,應該密度也最高,但這麼說可就錯了。

週期表會說話

自然界中密度最低的元素是氫,最高的則是鋨(銥的密度緊追在後)。科學家認為人工合成的元素,像是鑪,應該密度更高,不過這些物質目前所製造出的量還太少。週期表上也可看出密度變化的趨勢。每一族愈往下,密度愈高,在中央區塊也會增加,特別是過渡元素。但是在一個週期的第一個及最後一個元素,密度會較低。

H

Li

Be

Na Mg

K Ca Sc Ti V Cr Mn Fe Co

Rb Sr Y Zr Nb Mo Tc Ru Rh

Cs Ba Hf Ta W Re Os Ir

Fr Ra Rf Db Sg Bh Hs Mt

對數單位

這張圖表依據對數單位,以圓圈大小來表示每個元素的密度;圓圈的大小增加一倍,表示密度增加10倍。

La Ce Pr Nd Pm Sm

Ac Th Pa U Np Pu

相斥與結合

元素的密度不只取決於原子的重量，也要將原子的大小考慮進去，最重要的還有原子之間可以靠得多近，或者是否能夠鍵結。密度最低的元素是氣體，這些元素中的原子不會聚在一起，而是會散開，因此所佔的體積比較大。對於固體（及液體）元素來說，原子互相靠近時，電子會相斥；負電荷一定會跟負電荷相斥。

如這張圖表所示，有些原子的相斥力更大。週期表左邊的元素，表面的負電荷較小，但原子體積很大，即使緊緊結合在一起，這些原子的重量也不至於太重；而右邊的元素原子距離比較近，不過表面的負電荷很強，因此會互斥，體積就會比較大。中央的元素擁有結合較緊密、重量較重的原子，同時表面也缺乏較強的負電荷，因此這些元素的原子密度是最高的。

密度比較

密度的計算是以某物體的質量（或重量）除以體積，而我們有一個很方便的密度基準：水。要知道某個元素的密度，最簡單的方法就是將之與水比較：如果浮起來，密度就較低；如果沉下去了，密度就較高。

依原子序數排列密度

這張圖表顯示出，元素的密度如何隨著原子序數（也就是原子質量）改變。折線圖的每個峰段都代表週期表上一個週期（或說是一列），同一週期的元素愈往中間走，密度隨之增加，接下來的元素密度就會下降，每個週期的最後會達到最低點。最低點就是8族的惰性氣體，唯一的例外是氫氣，這是第一個、也是密度最低的元素。

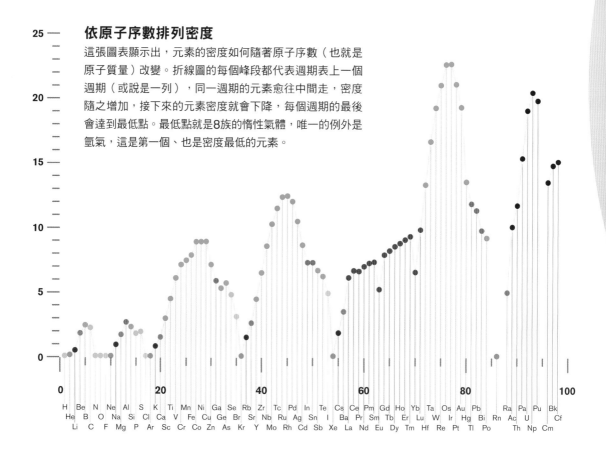

水和密度

質量的單位是公斤，體積則可以簡單用公升測量。1公升是1,000毫升，而1毫升等同於1立方公分；公斤的測定很巧妙，1公升的水正好就是1公斤，因此水的密度是1公斤／公升（1公克／立方公分）。所有密度都是這樣計算。在這張圖表中，我們將1毫升水的重量與相同體積的各種元素重量加以比較。

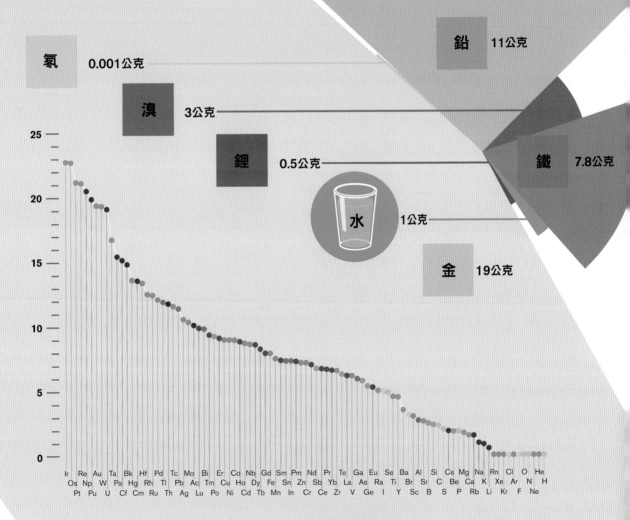

氡　　0.001公克

溴　　3公克

鋰　　0.5公克

水　　1公克

鉛　　11公克

鐵　　7.8公克

金　　19公克

以原子價看密度

這張圖表將元素依密度排列，d區和f區的元素主要在左邊，氣體則在右邊。

地球上的元素

天文學家發現地球上的元素在宇宙各個地方都存在，
只是分布並不均勻，包括地球上也是。在這個星球上
各個不同區域中，元素組成也各不相同。

地球分成3個不同部分：地核、地函、地殼。地核的主要成分是較沉重的金屬元素，在地球剛形成之初，還是一團沸騰冒泡的熔化岩漿時便沉到中心，如今的地核還是熔融的狀態。於此同時，像是矽、鋁和氧這類較輕的元素往上浮到表面區域。地球外層區域冷卻下來的時候，這些元素跟著凝固，形成堅硬

如岩石的地殼基礎。地球表面同時也覆蓋著充滿水的海洋，然後是一層空氣，兩者都各以特殊的元素組成。

氧 46%

矽 27%

鋁 8.2%

鐵 6.3%

鈣 5.0%

鎂 2.9%

鈉 2.3%

鉀 1.5%

氧 85.7%

氫 10.8%

氯 1.9%

鈉 1.1%

氮氣 78%

氬 0.9%

氧氣 20.9%

0.1%

大氣

海洋

物質的元素組成

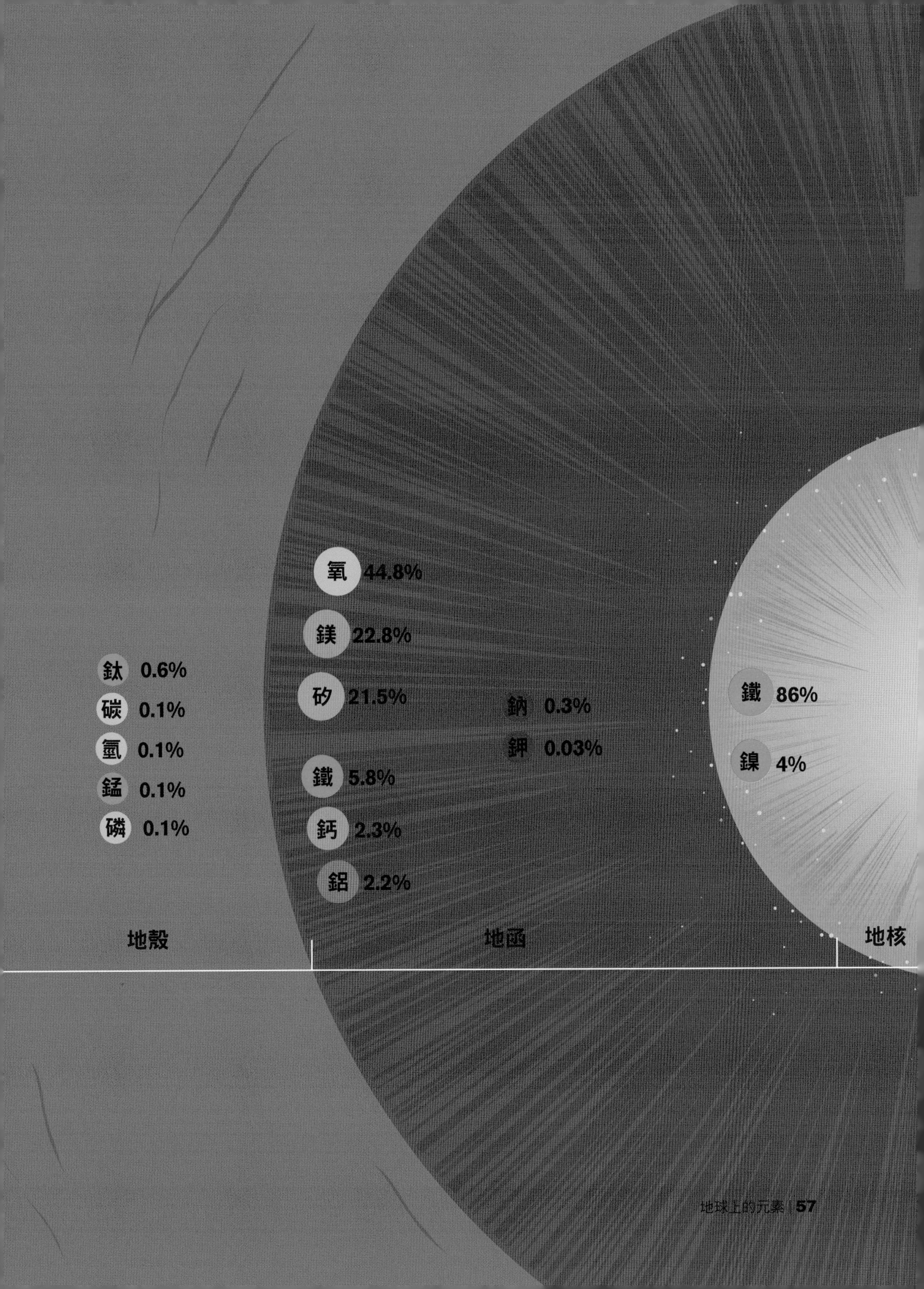

鈦 0.6%
碳 0.1%
氫 0.1%
錳 0.1%
磷 0.1%

氧 44.8%
鎂 22.8%
矽 21.5%
鈉 0.3%
鉀 0.03%
鐵 5.8%
鈣 2.3%
鋁 2.2%

鐵 86%
鎳 4%

地殼　　　　　　　　　　　　　　地函　　　　　　　　　　　　地核

人體組成

你的身體是由化學物質組成，就和其他事物一樣。過去一直認為是有某種非化學的「生命之力」，讓身體一切機能得以運作，直到1820年代才被推翻。接著科學家又發現，人體中的化學反應就跟其他地方所見相同，只是相當複雜。

堆成方塊

每一個方塊代表身體重量的百分之一。

身體重量的94%是由氧、碳和氫組成，這些元素組成了糖、澱粉和脂肪，同時也是蛋白質的主要成分。

其他（請見右頁）

非金屬

磷和氮是兩個重要的非金屬元素。氮是每一種氨基酸中的重要成分，而氨基酸會組合成蛋白質，同時也存在於DNA當中。DNA中也有磷，能夠形成雙螺旋結構中的鏈結。磷更重要的用處是存在於磷酸鹽礦物中，能夠強健骨頭和牙齒。

人體中的金屬

人體中最多的金屬是鈣，約占總質量的1.4%，大概是1公斤。主要是以磷酸鈣的形式存在，是讓骨頭和牙齒質地堅硬的成分。

元素組成的人體

人體中有60種元素。人體重量中有超過99%只由6種元素組成：氧、碳、氫、氮、磷和鈣；有0.85%則由鉀、硫、鈉、氯和鎂組成。也就是說，剩下的49種元素，稱為微量元素，只占了約0.15%，大概是10公克。

有功能的

微量元素中有18種在人體中有已知功能，或者可能有用處，包括砷、鈷，甚至是氟，如果大量存在會致命。

搭便車的

微量元素中有31種沒有已知功能，在人體中只存有非常少量，包括金、鉍和鈾，也許是不斷透過食物進入人體，只是體內的雜質而已。

- = 在人體中有重要功能（見左頁）
- = 在人體中已知功能
- = 在人體中沒有功能
- = 在人體中或許有功能
- = 不存在人體中

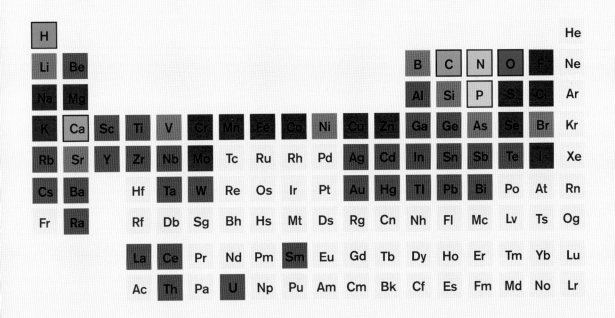

變動的狀態

每個元素在標準狀況下都有一個標準狀態，可能是固態、液態或氣態，標準狀況指的是氣溫25℃、大氣壓力為1。但是，透過增加或吸取熱能，可以讓元素熔化、凍結、沸騰或凝固。

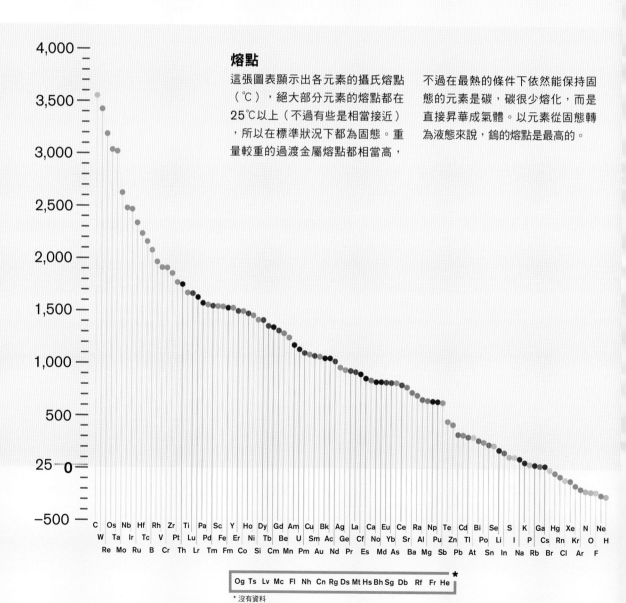

熔點

這張圖表顯示出各元素的攝氏熔點（℃），絕大部分元素的熔點都在25℃以上（不過有些是相當接近），所以在標準狀況下都為固態。重量較重的過渡金屬熔點都相當高，不過在最熱的條件下依然能保持固態的元素是碳，碳很少熔化，而是直接昇華成氣體。以元素從固態轉為液態來說，鎢的熔點是最高的。

* 沒有資料

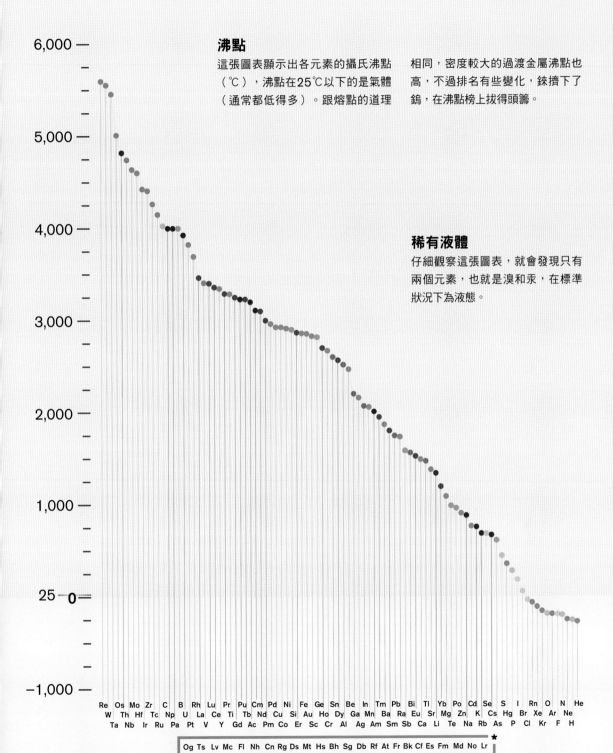

沸點

這張圖表顯示出各元素的攝氏沸點（℃），沸點在25℃以下的是氣體（通常都低得多）。跟熔點的道理相同，密度較大的過渡金屬沸點也高，不過排名有些變化，錸擠下了鎢，在沸點榜上拔得頭籌。

稀有液體

仔細觀察這張圖表，就會發現只有兩個元素，也就是溴和汞，在標準狀況下為液態。

6,000 —

5,000 —

4,000 —

3,000 —

2,000 —

1,000 —

25 — 0 —

-1,000 —

Re Os Mo Zr C B Rh Lu Pr Pu Cm Pd Ni Fe Ge Sn Be In Tm Pb Bi Tl Yb Po Cd Se S I Rn O N He
 W Th Hf Tc Np U La Ce Ti Tb Nd Cu Si Au Ho Dy Ga Mn Ba Ra Eu Sr Mg Zn K Cs Hg Br Xe Ar Ne
 Ta Nb Ir Ru Pa Pt V Y Gd Ac Pm Co Er Sc Cr Al Ag Am Sm Sb Ca Li Te Na Rb As P Cl Kr F H

Og Ts Lv Mc Fl Nh Cn Rg Ds Mt Hs Bh Sg Db Rf At Fr Bk Cf Es Fm Md No Lr *

* 沒有資料

反應活性

化學反應是因為元素試圖填滿（或清空）外層電子殼層，非金屬會從其他原子獲取電子，金屬則是會釋出自己的外層電子。活性最大的元素就是最容易釋放及增加新電子的元素。

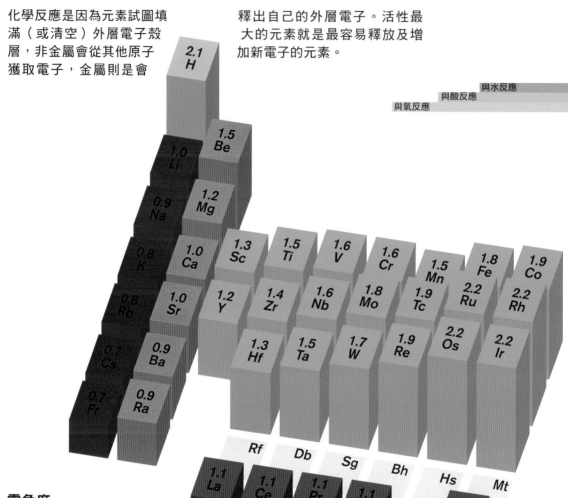

與氧反應
與酸反應
與水反應

| 2.1 H |
| 1.5 Be |
| 1.0 Li |
0.9 Na	1.2 Mg
0.8 K	1.0 Ca	1.3 Sc	1.5 Ti	1.6 V	1.6 Cr	1.5 Mn	1.8 Fe	1.9 Co
0.8 Rb	1.0 Sr	1.2 Y	1.4 Zr	1.6 Nb	1.8 Mo	1.9 Tc	2.2 Ru	2.2 Rh
0.7 Cs	0.9 Ba	1.3 Hf	1.5 Ta	1.7 W	1.9 Re	2.2 Os	2.2 Ir
0.7 Fr	0.9 Ra

Rf Db Sg Bh Hs Mt

1.1 La 1.1 Ce 1.1 Pr 1.1 Nd Hs 1.2 Sm

1.1 Ac 1.3 Th 1.5 Pa 1.4 U 1.4 Np 1.3 Pu

電負度

這張圖表顯示出元素的電負度。電負度是用來測量原子是否容易接受額外的電子。金屬的外層電子較少，不太願意再接受更多電子；非金屬的外層電子比較接近充滿狀態，因此就比較願意再多容納電子。

活性系列

這張圖表顯示出幾個常見金屬的相對活性，活性最強的能夠和冷水、酸與氧起反應，活性最低的則都不會。

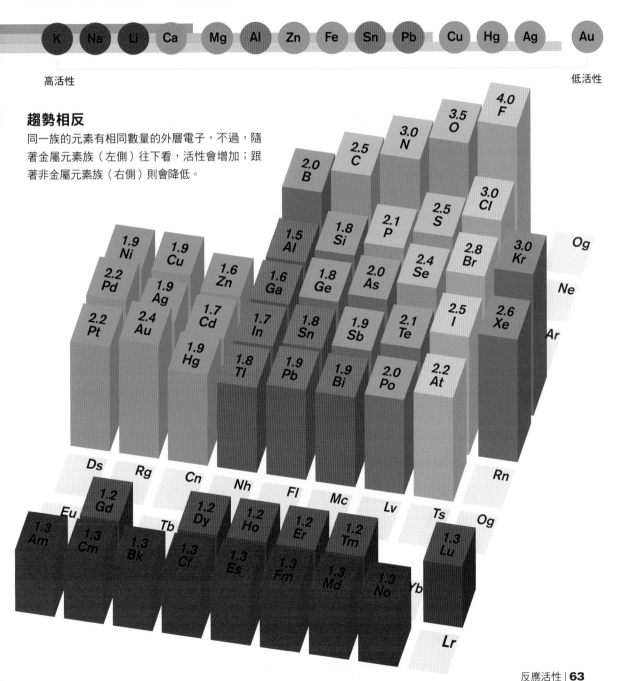

高活性　　　　　　　　　　　　　　　　　　　　　　　　　　低活性

趨勢相反

同一族的元素有相同數量的外層電子，不過，隨著金屬元素族（左側）往下看，活性會增加；跟著非金屬元素族（右側）則會降低。

硬度

物質的硬度很難量化，有好幾種系統搶著要做同樣的
事情。最簡單的是莫氏硬度表，是將物質的硬度拿來
跟10種指標性礦物比較，這些礦物都能在自然界中找
到純物質。

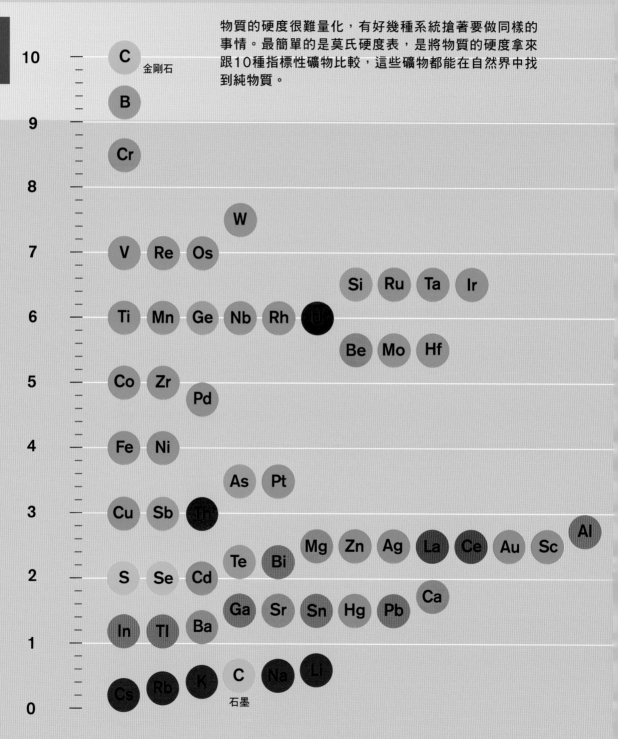

刮痕測試

莫氏硬度表的測試方法是拿指標性礦物在物質表面刻劃，在這裡的物質就是純的固態元素。刻劃之後看看有沒有刮痕，如果指標礦物的表面出現刮痕，表示該元素的硬度較高，那麼再和硬度表上的下一個礦物比較；最後，純元素表面會出現刮痕，那麼就能得出一個大概的硬度值。多找幾種其他礦物來比較，就能得到一個比較精確的數值。

相對，不是測量

莫氏硬度表很簡單且有效，但無法測出相對硬度的真正數值。滑石（硬度1）並非比金剛石（硬度10）軟十倍，而是軟上千倍。只有固態元素才能測量硬度，但許多固態元素產量稀少，或是具有放射性，無法以此方法測量。

金剛石

剛玉

黃玉

石英

正長石

磷灰石

螢石

方解石

石膏

滑石

Cm	Am	Pu	Np	Pa	Ac	Rn	At	Po	Xe	I	Tc	Kr	Br	Ar	Cl	P	F	O	N	He	H	
Cf	Bk	Og	Ts	Lv	Mc	Fl	Nh	Cn	Rg	Ds	Mt	Hs	Bh	Sg	Db	Rf	Lr	No	Md	Fm	Es	

*沒有資料

強度

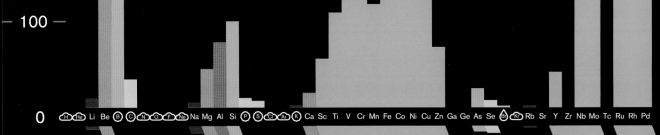

2 元素的強度也是很難測量的複雜特性，強度可以分成兩方面：在張力之下（受到拉扯）或在壓力之下（受到擠壓）。金屬的兩種強度都很高，而非金屬則只能承受壓力。

400

200

100

0

H He Li Be B C N O F Ne Na Mg Al Si P S Cl Ar K Ca Sc Ti V Cr Mn Fe Co Ni Cu Zn Ga Ge As Se Br Kr Rb Sr Y Zr Nb Mo Tc Ru Rh Pd

100

200

300

楊格模數

有一種方法是測量材料在斷裂前能被拉扯到什麼程度。拉扯有兩個階段：彈性，也就是材料會暫時變形，但是外力消失後就會恢復原狀；還有塑性，也就是永久變形。降伏點代表材料從彈性轉變成塑性的變形。沒有元素真正符合「彈性」一詞的常見意義，延展性高的金屬，例如金，就算外力遠高於降伏點，也只會被拉長而不會斷裂；而脆性高的金屬，例如鐵，一開始變形很快就會斷裂，不會拉長。

400

500

600

容積彈性模數

這是用來測量壓力的方法,施加在固體表面上的壓力增加時,體積相對減少了多少。特別的是,這個模數能夠算出,要減少1%的體積該施加多少壓力。

容積彈性係數與其他強度測量方法的不同之處在於,這個係數套用在液體上也能得出有意義的結果,甚至可以用來比較混合氣體的特性。若用楊格模數來測量液體、氣體和結晶體,所得出的數值就沒什麼意義。

 = 晶體

 = 氣體

 = 液體

= 具放射性

Ag Cd In Sn Sb Te I Xe Cs Ba La Ce Pr Nd Pm Sm Eu Gd Tb Dy Ho Er Tm Yb Lu Hf Ta W Re Os Ir Pt Au Hg Tl Pb Bi Po At Rn Fr Ra Ac Th Pa U Np Pu

傳導性

傳導性有兩種：導電性和導熱性，如果某種元素的其中一種傳導性很好，很可能另一種也不錯。但是，這條規則有幾個例外，這些例外大大影響了科學、科技，以及我們的日常生活。

處理熱

熱其實就是原子在運動。元素的溫度升高時，原子的運動就帶著更多能量。以固態元素而言，原子鍵結在一起的時候，表示會比先前更加劇烈來回振動。因此，優良的熱傳導物指的就是該物質的振盪運動，可以從一個原子轉移到鄰近原子。

負載電流

電流是一股電荷在物質間流動，通常是一股帶負電荷的電子流在物質間流竄。金屬是最佳的導電體，因為金屬元素的外層電子不多，很容易就能從原子釋放出去，以電流的方式移動。非金屬原子將電子抓得比較緊，所以需要更強的電力推一把，或稱為電壓，讓非金屬元素能夠導引電流。

47 Ag 銀	29 Cu 銅

銀和銅是最佳導電體。金屬經常也是最好的導熱體，因為原子的移動比較自由，能夠將能量傳遞給其他原子。銀和銅原子都只有一個外層電子，很容易就能釋放出去導電。

54 Xe 氙	86 Rn 氡

氙和氡屬於稠密氣體，導熱性最差，因為這些元素中的原子既沉重、動作緩慢，完全沒有鍵結。所有氣體都是非金屬，因而也是非常差的導電體。

14 Si 矽	32 Ge 鍺

矽和鍺與其他元素的不同之處在於，這兩個元素的相對導熱性佳，就和金屬一樣，但相對導電性卻不好，就和非金屬一樣。矽和鍺具有4個外層電子，特性正好位於典型金屬和典型非金屬之間，因此也稱為半金屬。這兩種元素都是製作半導體材料的主要成分，所謂半導體就是能夠從絕緣體轉變為導電體，這樣的轉換成為電子和電腦科技的基礎。半導體一般會帶有微量雜質，像是錫、硼和砷，能夠加強導電功能。

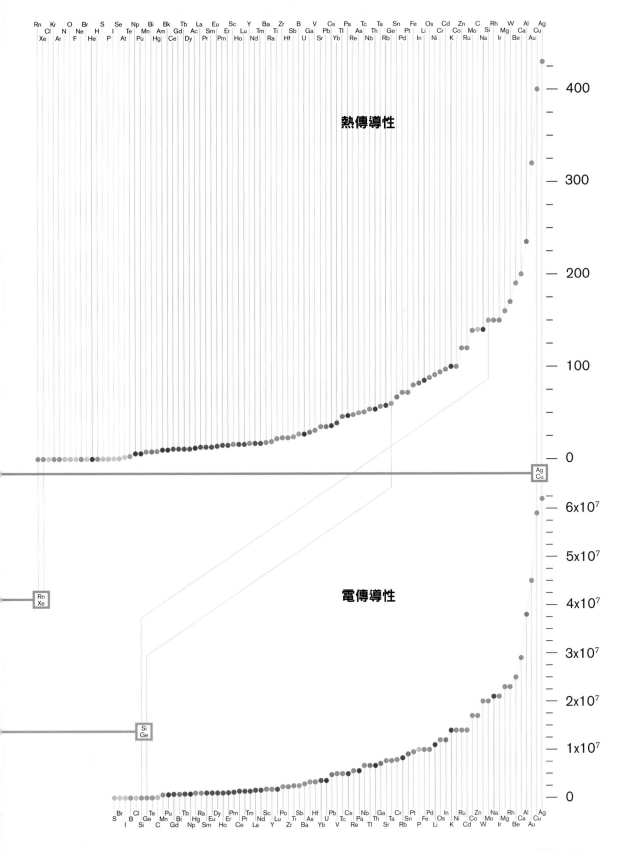

熱傳導性

電傳導性

磁性

所有元素都能展現出某種磁性,只是有些弱到無法察覺,或者無法在日常生活中運用。磁性反應有四種:鐵磁性、順磁性、反磁性,以及反鐵磁性。

累積作用

所有元素的所有原子都能製造磁性力場,但是這些微弱力場通常會往不同方向作用,因此所累積起來的力都會抵銷到幾乎一點不剩。不過,如果將這些元素放在磁場中,原子就會改變施力方向,以符合磁場,這樣就能顯露出該元素的磁性特質。

元素在標準氣溫(25℃)下的磁性特質

H																	He
Li	Be											B	C	N	O	F	Ne
Na	Mg											Al	Si	P	S	Cl	Ar
K	Ca	Sc	Ti	V	Cr	Mn	Fe	Co	Ni	Cu	Zn	Ga	Ge	As	Se	Br	Kr
Rb	Sr	Y	Zr	Nb	Mo	Tc	Ru	Rh	Pd	Ag	Cd	In	Sn	Sb	Te	I	Xe
Cs	Ba		Hf	Ta	W	Re	Os	Ir	Pt	Au	Hg	Tl	Pb	Bi	Po	At	Rn
Fr	Ra		Rf	Db	Sg	Bh	Hs	Mt	Ds	Rg	Cn	Nh	Fl	Mc	Lv	Ts	Og
			La	Ce	Pr	Nd	Pm	Sm	Eu	Gd	Tb	Dy	Ho	Er	Tm	Yb	Lu
			Ac	Th	Pa	U	Np	Pu	Am	Cm	Bk	Cf	Es	Fm	Md	No	Lr

■ = 順磁性　　■ = 鐵磁性　　■ = 反鐵磁性　　■ = 反磁性

順磁性:原子會順著磁場排列,並受到磁場來源吸引。若磁場來源遭移除,原子就會再次擾動而失去磁力。

鐵磁性:原子會順著磁場排列,並受到磁場來源吸引。即使移除磁場來源,原子依然會按磁場方向排列,持續保持永久磁性。

反鐵磁性:原子會順著磁場排列,不過只有一半是順向,另一半則是逆向。原子中兩股磁力相加後,互相抵銷為無磁性。

反磁性:原子會順著磁場排列,但與磁場來源互斥。一旦移除磁場來源,所有磁力效應也跟著消失。

溫度依存

元素的磁性特質會依溫度改變而改變。例如,鈥原子所製造的磁力是所有元素中最強的,但只有在-254℃才具有鐵磁性。

順磁性

鐵磁性

反鐵磁性

反磁性

正常狀態　　　　　　　磁場下　　　　　　　移除磁場

光譜

光就是原子所發出的輻射線，原子的電子釋放能量時就會產生光，而每種元素都能發出一組非常特定的波長，也就是顏色。這些獨特的原子光譜讓我們只要看到原子所發出的光，就知道是哪種原子。

火焰測試

辨認元素最簡單的方法就是用火去燒。火焰發出的光就是原子光譜的顏色，答案就能揭曉。

吸收

原子在灼熱狀態下會發光，但冷卻時會吸收光。天文學家要辨識太空中某團氣雲由哪些元素組成，只要看星球發出的光通過氣雲時，有哪些顏色被吸收，就能知道。

發現元素的工具

許多元素最初被發現都是透過光譜的光，最有名的是氦。有幾個元素，像是銣、銫、鉈，都是以其發出的顏色命名（分別是紅色、藍色和綠色）。

He

| B | C | N | O | F | Ne |

| Al | Si | P | S | Cl | Ar |

| Ni | Cu | Zn | Ga | Ge | As | Se | Br | Kr |

| Pd | Ag | Cd | In | Sn | Sb | Te | I | Xe |

| Pt | Au | Hg | Tl | Pb | Bi | Po | At | Rn |

| Ds | Rg | Cn | Nh | Fl | Mc | Lv | Ts | Og |

| Eu | Gd | Tb | Dy | Ho | Er | Tm | Yb | Lu |

| Am | Cm | Bk | Cf | Es | Fm | Md | No | Lr |

元素的來源

元素並非一直存在，是核反應逼迫較小的原子融合成較大的原子，因而產生了元素。

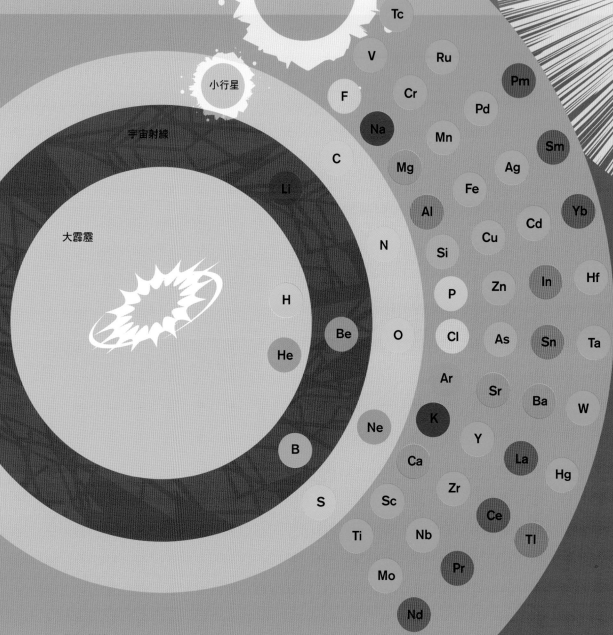

大行星

小行星

宇宙射線

大霹靂

Tc

V Ru

F Cr Pd Pm

Na Mn Sm

C Mg Ag

Li Fe

Al Cd Yb

N Si Cu

H P Zn In Hf

Be O Cl As Sn Ta

He Ar Sr Ba W

Ne K Y La

B Ca Hg

S Sc Zr Ce

Ti Nb Tl

Mo Pr

Nd

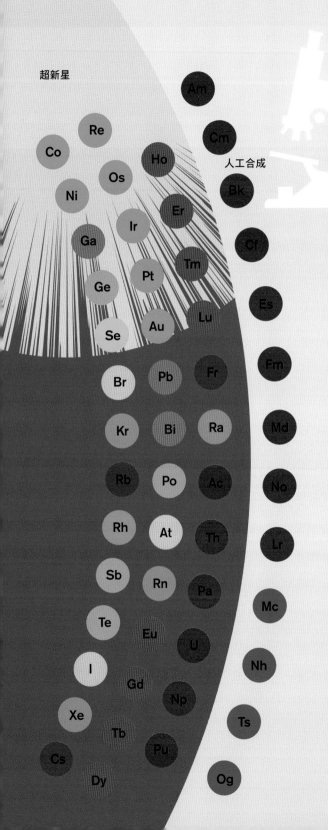

超新星

人工合成

一開始

大霹靂之後形成最簡單的氫原子核，接著開始融合成氦。

宇宙開始擴張後，高速運動的氫與氦原子核形成宇宙射線，融合成更大的元素，像是鋰、鈹和硼。

原子工廠

星球一開始就是一團巨大的氫球，溫度極高，並且受自身的引力壓縮。核心的核融合製造出了氦，在氫消耗殆盡後，氦開始形成更重的元素。所有比硼更重的元素開始在星球內部成形。

像我們的太陽這樣的星球，可以製造像氧這麼大的元素，然後再擴張成為巨大的星球，能夠製造出更重的元素。最大的星球都會消滅於極大的爆炸中，稱為超新星，這些破壞力極強的爆炸能夠製造出最重的自然元素。

在實驗室中

比鈈還大的元素或許可以在超新星中製造，但是無法長久留存，在自然界中不見蹤影。不過，這些元素可以利用核反應爐和粒子加速器合成。

宇宙元素豐度

有些元素在宇宙中比其他元素更常見。通則是原子序數小的元素是最常見的，隨著原子序增加，元素的存量也就跟著遞減。但這麼說只對了一半。

曇花一現

若以通則而言，鋰、鈹和硼的存量應該頗為豐富，但實情卻是少得多。在氫融合成氦之後，兩者就更容易融合成更大的元素，像是碳，而自由質子在初形成的宇宙中四處流竄時，就會形成愈來愈多鋰、鈹、硼這三個位於中間的元素。但是，星體開始出現之後，就會消耗掉大部分的鋰、鈹、硼，因此其存量便相對稀少。

霹靂而生

鐵和鎳的存量也與通則不符。兩者的原子序數都是偶數，存量還是比通則所預測的還要多，這是因為這個大小的元素（大概是週期表上占三分之一的位置）在超新星中製造的量很大。

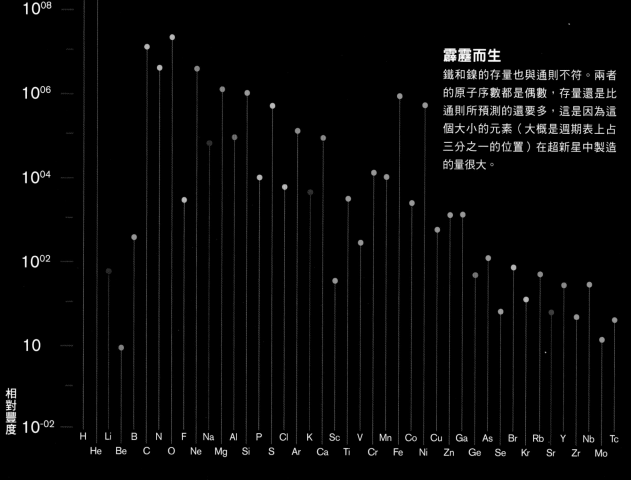

偶數為勝

這張圖表代表的是太初元素的宇宙豐度，也就是在整個宇宙中的存量。很明顯能夠看出，愈重的元素存量就愈少，但是原子序數為偶數的元素比單數的還要常見，是因為有奧多—哈金斯法則。

奧多——哈金斯法則

這個法則預測原子序數為單數的元素存量，通常會少於週期表兩側的元素，也就是原子序數為偶數的元素，這是因為在原子核中的質子成對存在時最為穩定。原子序數為偶數表示原子核中含有成對質子，而單數的原子序數就表示核內只有一個質子，這個落單的質子比較有可能會從原子核中被釋放出來，或者在星體內部的核反應過程中獲得一個額外質子。因此，偶數的元素就比單數的更為常見。

鉛

鉛是最重的元素之一，原子序數也大；不過，存量卻比前面25個元素還多，這是因為大多數放射性元素經過一連串衰變過程後，最後都會變成鉛。鈾和釷會經過一長串變化，不斷分解成非常不穩定的元素，然後才變成穩定的鉛。綜觀宇宙的歷史，鉛的存量一直穩定增加。

Ru   Pd   Cd   Sn   Te   Xe   Ba   Ce   Nd   Sm   Gd   Dy   Er   Yb   Hf   W   Os   Pt   Hg   Pb   Po   Rn   Ra   Th   U

Rh   Ag   In   Sb   I   Cs   La   Pr   Pm   Eu   Tb   Ho   Tm   Lu   Ta   Re   Ir   Au   Tl   Bi   At   Fr   Ac   Pa

3

化學應用

物質狀態

3

所有元素和化合物都有一個標準狀態，可能是固態、液態，或氣態，每個元素到了特定的溫度就會轉換狀態，稱為熔點或沸點。這些溫度取決於需要多少能量，才能製造或破壞原子間的鍵結，每種元素所需的能量都不同。

物理變化

狀態的變化是物理變化，不會改變物質的化學表現，因此蒸氣和水都會和相同的化合物發生反應，但是蒸氣擁有的能量較多，所以比和水反應的時間更快。

氣態

處於氣態時，原子或分子之間沒有鍵結，氣態粒子可以自由往各個方向移動，也可以是任何形狀，並散開來填滿任何體積。

離子化

重新結合

氣態

蒸發

凝結

液態

沉積

昇華

熔化

凝固

固態

液態

處於液態時，固態中的鍵結大約有10%會斷開，讓原子和分子能夠四處移動，互相交錯而過。液體有固定體積，不過能夠流動，可以依據各種容器改變形狀。

固態

處於固態時，各個原子都和鄰近原子鍵結在一起，因此固體的形狀和體積都是固定的。

80 | 化學應用

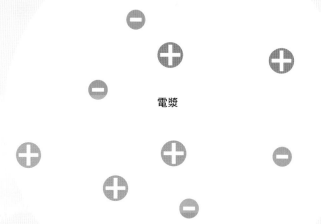

電漿

稱為物質的第四種狀態，將能量（通常是熱能或電能）加諸於氣體時，便會轉化成電漿。分子會分解開來，個別原子開始拋出電子，成為具有電荷的物質。（太陽大部分都是由電漿構成。）形成電漿會改變元素的原子結構，因此其物理和化學特性也會不同。

溫標

溫度是用來測量物質中所有原子擁有多少熱能的平均值。溫標的使用方法是先選擇一個零度值與上限值，然後將中間均分成度數。

攝氏100度是純水沸騰而成蒸氣的溫度。

華氏溫標的上限值是依據人體體溫。

攝氏0度是純水凝結成冰的溫度。

華氏0度的定義是利用鹽類做成「製冷混合物」，測量凍結時的溫度。

克耳文溫標所使用的度數與攝氏相同，但是0度則設在原子無法抓住一點熱能的低點，這個溫度（-273.15°C）被定義為絕對零度。要製造出這麼冷的溫度並不可能，不過可以做到非常接近。

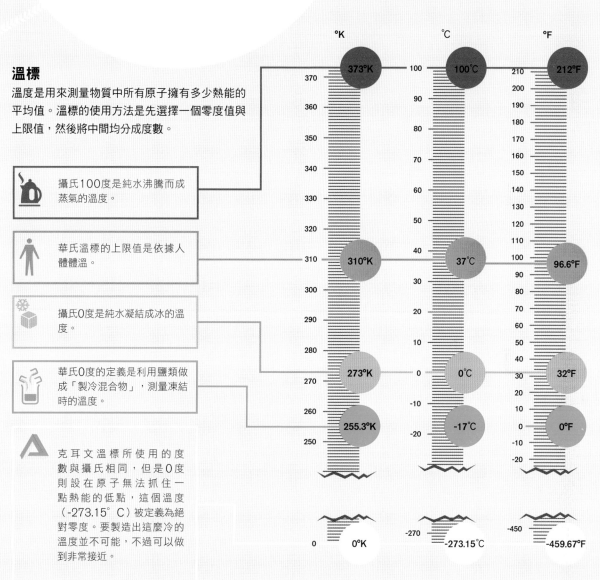

金屬鍵

3 週期表上118個元素中，有84個是金屬。金屬一般都是閃閃發光而堅硬，具有良好的導熱性及導電性，能夠被輾平、拉成線。這樣的行為特性是因為金屬原子互相鍵結在一起。

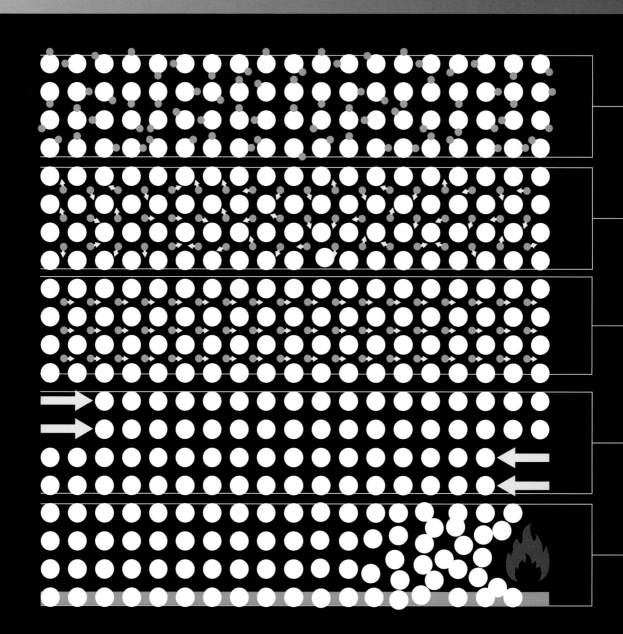

加熱金屬

從古時候起，金屬工匠就能夠從顏色判斷金屬的顏色。這張圖表顯示出鐵和鋼的常見顏色。原子會發散出有顏色的光，隨著這些原子中所帶的能量增加，顏色也會改變，因此顏色能夠顯示出金屬鍵有多強。

自由電子

元素展現出金屬特性，是因為其原子的外層電子很少。大部分金屬只有1、2個，不過也有幾個金屬元素擁有更多。這表示金屬原子的外層殼層大部分都是空的，因此原子很容易就能拋棄少數的外層電子。許多金屬特性都是因為能夠提供自由電子而來。

非定域

對原子的傳統認知是與之連結的電子數量是固定的，但是在固態金屬中，所有原子的外層電子是非定域的，由所有原子共享，如此便在原子四周形成了一片「電子海」，將之連結在一起。

導電性

如果在金屬中出現了電荷差，例如說其中一端的正電荷較多，非定域電子（負電荷）就會往那一端流動，才能平衡電荷差。這就是電流的基礎。

延展性和韌性

非定域電子所形成的鍵結將金屬原子緊緊綁在一起，但不致僵硬，原子能夠滑過彼此而不會分開，因此金屬才具有延展性（能夠輾平）和韌性（能拉長成線）。

導熱性

熱能在金屬中傳導的速度比在非金屬中還快，這是因為金屬原子的移動較為自由。在物體一端加熱，讓該處的原子振動更快，這樣的運動會穩定傳向鄰近原子，如此熱能便在金屬中傳導。

1,093°C
1,038°C
982°C
927°C
871°C
816°C
760°C
704°C
649°C
593°C
538°C
427°C
302°C
282°C
271°C
260°C
249°C
241°C
229°C
199°C

離子鍵

兩個以上元素的原子鍵結在一起時，就會形成化合物，而化合物的特性一定和原料有明顯差別。金屬和非金屬元素所形成的化合物，通常會以離子鍵鍵結。

3

移動的電子

兩個原子之間會形成鍵結，是因為這樣能讓電子處於較穩定的狀態，耗能也比較少。而移轉了外層電子後，就會形成離子鍵。金屬原子通常擁有1~2個外層電子，捨棄電子後會讓原子比較穩定。非金屬原子則相反，其外殼層需要獲得電子才能變得穩定。在圖中的例子，鈉原子的外層電子移轉給了氯原子。獲得或者失去電子讓原子成為離子，這是帶有電荷的類原子粒子，鈉離子的電荷是+1，而氯離子的則是-1，兩個離子的電荷相反，才會彼此結合，成為電荷中性的氯化鈉分子（化學式NaCl，也就是食鹽）。

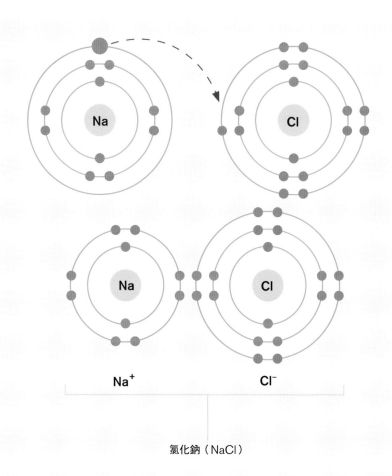

Na⁺   Cl⁻

氯化鈉（NaCl）

保持中性

離子鍵中所含的電荷必須加總為零，形成中性的分子。例如，鈉和氧反應時會形成氧化鈉（化學式Na_2O，為玻璃中的成分），2個鈉離子與1個氧離子結合。氧的外殼層有2個空位能夠容納電子，因此氧離子的電荷為-2。

變小的陽離子

失去電子的原子會形成帶正電荷的離子,稱為陽離子。陽離子失去了整個電子殼層,因此會比原子明顯小一些。

漲大的陰離子

帶負電荷的離子稱為陰離子,其外殼層填滿了電子,額外的負電荷會被原子核往外推,讓陰離子比原子大一些。

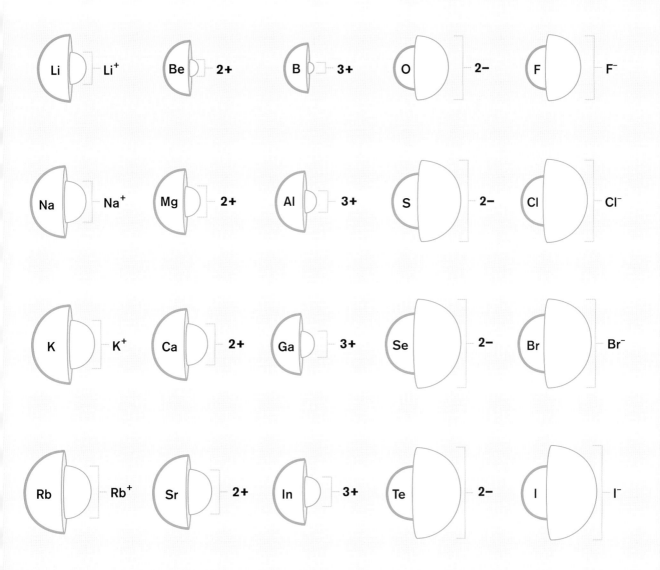

共價鍵

非金屬所形成的化合物通常以共價鍵鍵結在一起，這種鍵結不會在原子之間轉移電子，而是共用。這樣會讓原子的外殼層連在一起（也稱為價殼層），形成分子。

3

八個電子規則

大部分價殼層能夠容納8個電子。（只有氫和氦的外殼層只能裝2個電子。）以氯原子為例，只需要製造出一對電子就能形成穩定的分子。但是像氧的外殼層有2個空位，就必須找到2個電子與自身配對，比如和氫就是這樣形成水分子的。氮可以形成3對電子，碳則有4對。

抓緊

非金屬原子的價殼層接近全滿，這表示原子會用力緊抓住外層電子，否則失去電子不但不會讓原子更穩定，反而是不穩定。因此，大部分形成共價鍵的化合物幾乎都不帶自由電子，無法傳遞電流，也就不具導電性。

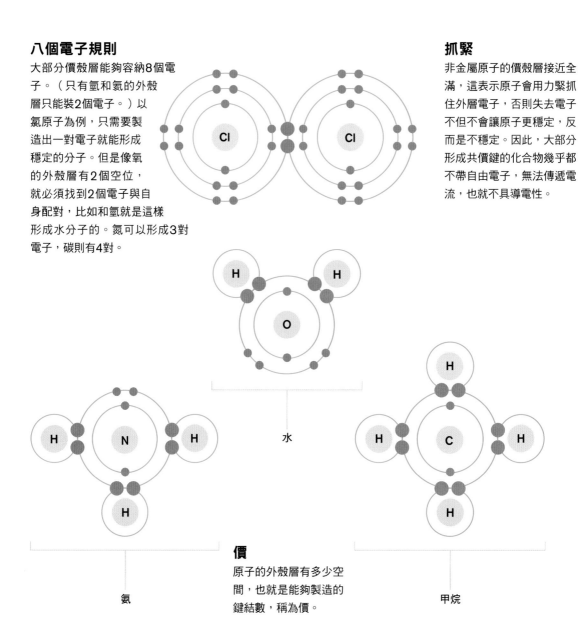

水

氨

價

原子的外殼層有多少空間，也就是能夠製造的鍵結數，稱為價。

甲烷

互斥

共價鍵中的共用電子對會彼此互斥，這股
斥力會盡可能將對方推得遠遠的，讓每個
分子呈現出特定的形狀。

孤電子對

分子的形狀也會受到未共用的電子
對影響，這些電子對是在鍵結形成
之前便存在的。這些電子會互斥，
共用電子對也會互斥。因為有這些
孤電子對的作用，即使是相差甚大
的元素所組成的化合物，形狀也會
類似。這裡的圖表顯示出電子對的
作用影響，不過孤電子對並不會像
鍵結原子那樣從分子中延伸出來。

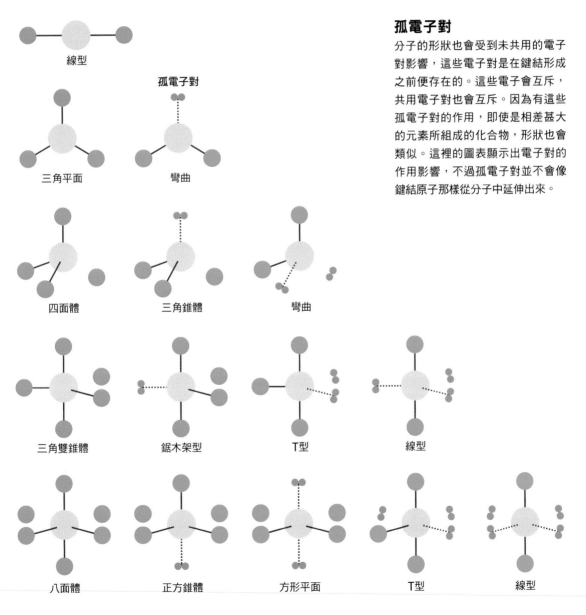

線型

孤電子對

三角平面　　　　彎曲

四面體　　　　三角錐體　　　　彎曲

三角雙錐體　　　鋸木架型　　　T型　　　　線型

八面體　　　正方錐體　　　方形平面　　　T型　　　　線型

反應

化學反應的反應物是由一種或多種元素或化合物組成，反應後轉變成新的物質，稱為產物。起反應時，化學鍵結會破壞後再重新形成，結果會讓產物比原始反應物更穩定。

活化能

每種反應都須克服能量障壁才能開始，通常是以加熱反應物來提供「活化能」。

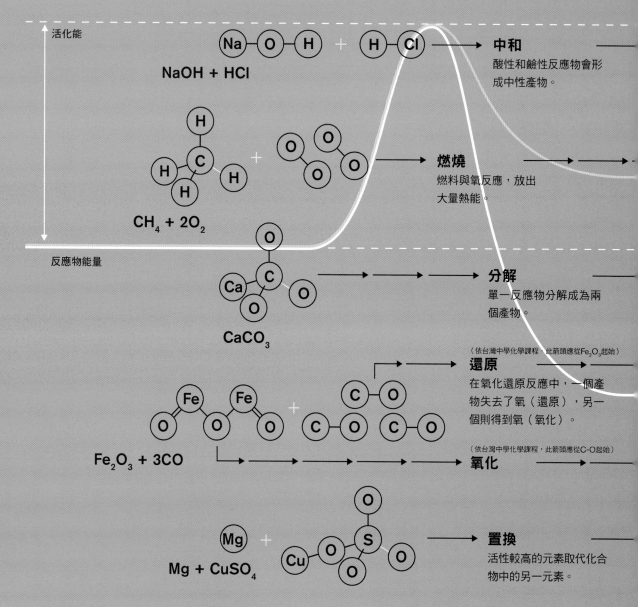

活化能

NaOH + HCl

中和
酸性和鹼性反應物會形成中性產物。

CH₄ + 2O₂

燃燒
燃料與氧反應，放出大量熱能。

反應物能量

CaCO₃

分解
單一反應物分解成為兩個產物。

（依台灣中學化學課程，此箭頭應從Fe₂O₃起始）

還原
在氧化還原反應中，一個產物失去了氧（還原），另一個則得到氧（氧化）。

Fe₂O₃ + 3CO

（依台灣中學化學課程，此箭頭應從C-O起始）

氧化

Mg + CuSO₄

置換
活性較高的元素取代化合物中的另一元素。

釋放能量

在化學反應中破壞鍵結會釋放能量，可以用來在產物中製造新的鍵結。如果製造新鍵結所需要的能量比釋放出來的少，反應過程就會放出多餘的熱能，稱為放熱。但是有些反應是吸熱，也就是說釋放的能量比需要的少，那麼產物的溫度就會很低。

催化劑

做為催化劑的物質會參與反應，但不會被消耗，作用是降低活化能，更容易產生反應。

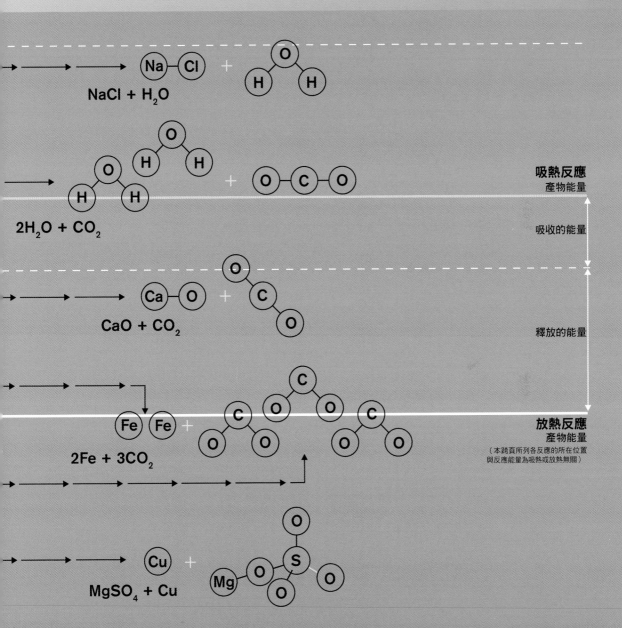

NaCl + H$_2$O

2H$_2$O + CO$_2$

吸熱反應
產物能量

吸收的能量

CaO + CO$_2$

釋放的能量

2Fe + 3CO$_2$

放熱反應
產物能量

（本跨頁所列各反應的所在位置
與反應能量為吸熱或放熱無關）

MgSO$_4$ + Cu

混合物

日常所見的材料非常多都是混合物，與化合物不同之處在於，化合物必須靠化學反應才能分解其成分，混合物的成分之間則沒有化學鍵結，因此只要用完全物理的處理方法就能分開。

非均勻混合物

最單純的混合物中，物質的散布並不均勻，很容易就能辨認出每種成分。例如一堆硬幣就是日常生活中常見的所謂異質混合物。

分開混合物

要分開混合物中的成分有幾種方法。例如，將混合物中的液體部分蒸發掉，就能得到原先溶解在溶液中的固體；利用濾網就能分出大小不一的固體；要將已混合的液體分離，則需要用蒸餾法，沸點較低的液體會先蒸發掉，冷卻後剩下濃縮後的液體。

均勻混合物

均質混合物的成分已充分混合，無法看見個別的材料。在均質混合物中，其中一種材料會被當成其他材料分散的媒介。物質的所有狀態都能加以混合。均質混合物主要有三種：懸浮液、膠體（或稱乳膠），以及溶液。

物質

可以用物理方法
分開嗎？

不可以　　　　　可以

純物質　　　　　　　　　　　　混合物

可以用化學方法
分解嗎？

成分均勻
分佈嗎？

不可以　　　可以　　　　不是　　　　是

元素

化合物

膠體或懸浮液

溶液

懸浮液

混合物中散布的成分體積比媒介還大，過一段時間就會沉澱。泥水就是一種懸浮液。

膠體溶液

混合物中散布的成分體積很小，但還是比媒介分子大。洗髮乳就是一種膠體溶液。

溶液

混合物中散布的成分都已溶解，也就是說其分子均勻分布在媒介的分子當中。鹽水就是一種溶液。

泡沫
打發的蛋白
刮鬍泡
鮮奶油
冰淇淋汽水

 散布的粒子
氣體

 散布媒介
液體

 散布的粒子
氣體

 散布媒介
固體

固態發泡
棉花糖
發泡橡膠

液態氣膠
雲、霧
薄霧、髮膠
體香噴霧

 散布的粒子
液體

 散布媒介
氣體

 散布的粒子
液體

 散布媒介
液體

乳膠
牛奶
美乃滋
血液

凝膠
起司
奶油
人造奶油

 散布的粒子
液體

 散布媒介
固體

放射性

每個元素都有帶放射性的形式，稱為同位素，其中有38個元素完全沒有穩定的同位素。如果一個原子的原子核不穩定，就會產生放射性，於是原子核崩解，或衰變，放出高能量粒子。

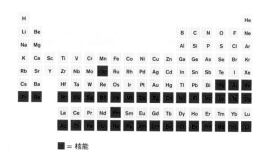

■ = 核能

原子分裂

原子核分裂成兩個大小相當的部分時，就會出現這種異常的放射性衰變，釋放出大量能量。如果這次分裂又能引發更多分裂，就會發生連鎖反應。如果沒有受到控制，就會造成核爆。核反應爐能夠控制這樣的反應，來提供能源。分裂時主要使用的同位素是鈾238，能夠分裂成氪原子和鋇原子。

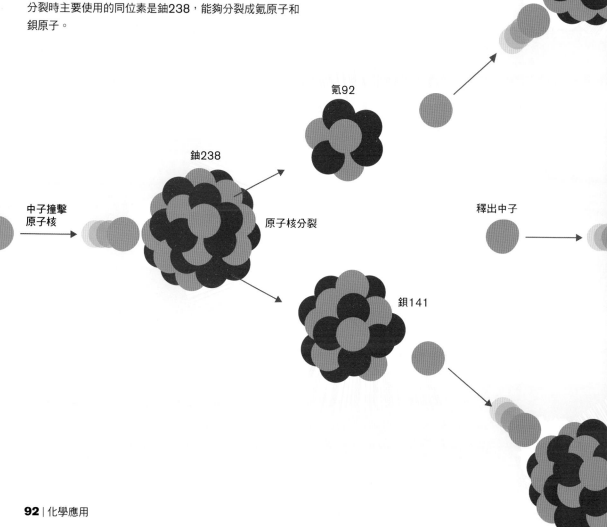

氪92

鈾238

中子撞擊
原子核

原子核分裂

釋出中子

鋇141

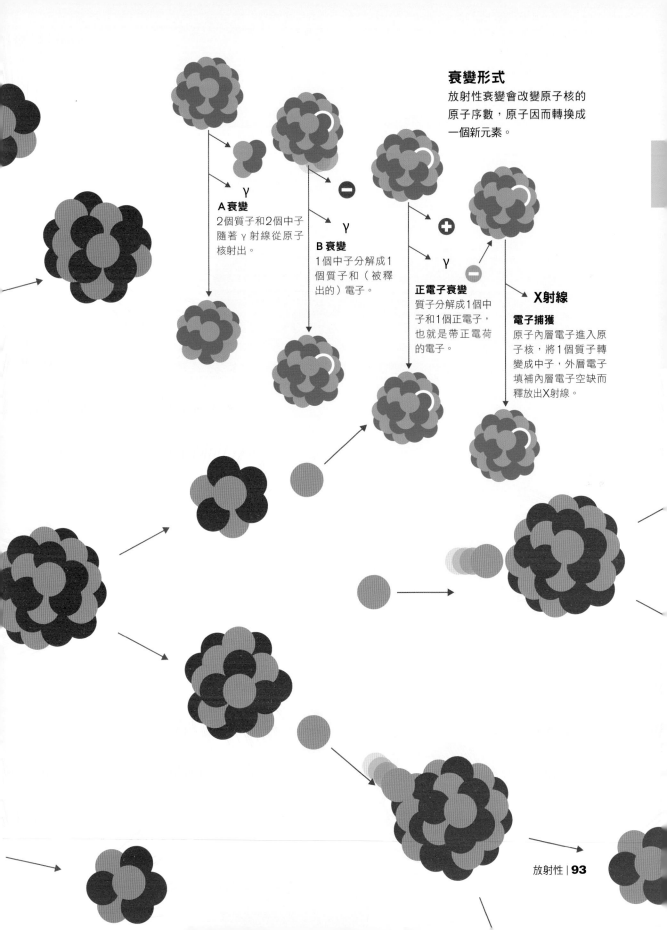

衰變形式

放射性衰變會改變原子核的
原子序數，原子因而轉換成
一個新元素。

A 衰變
2個質子和2個中子
隨著 γ 射線從原子
核射出。

B 衰變
1個中子分解成1
個質子和（被釋
出的）電子。

正電子衰變
質子分解成1個中
子和1個正電子，
也就是帶正電荷
的電子。

X射線

電子捕獲
原子內層電子進入原
子核，將1個質子轉
變成中子，外層電子
填補內層電子空缺而
釋放出X射線。

放射性 | **93**

輻射劑量

輻射是完全自然的。在石頭裡、大氣中都有放射性同位素，甚至在食物和人體裡也有，這些形成了低劑量的背景輻射。但是，使用在能源製造、醫藥和武器中的放射性原料經過精煉，會增加我們接觸輻射的機會，必須受到監控。

暴露

暴露在輻射下的程度是以西弗（Sv）測量，用以顯示在1公斤的人體組織中有多少能量來自輻射。毫西弗（10^{-3}西弗）的寫法是mSv，微西弗（10^{-6}西弗）的寫法是μSv。

● = 0.05 μSv　● = 0.02 mSv　● = 10mSv

睡在某人身邊（0.05 μSv）

住在石造、磚造或水泥建築裡
一年（70 μSv）

住在核電廠80公里以內的範圍一年（0.09 μSv）

環保署核准核電廠每年排放輻射量（250 μSv）

吃一根香蕉（0.1 μSv）

住在燃煤發電廠80公里以內的
範圍一年（0.3 μSv）

牙齒或手部接受X光照射
（5 μSv）

一個正常人在正常的一天中接受
的背景輻射（10 μSv）

人體中自然產生的鉀一年的輻
射劑量（390 μSv）

正常的一年背景輻射量。
大約有85%來自天然輻射，
剩下的幾乎都來自醫療照射。
（~3.65 mSv）

搭飛機從紐約飛往洛杉磯（40 μSv）

累積效應

放射性物質會累積在人體裡,因此這張圖表中的許多劑量都和持續一段時間的暴露有關。

生物效應

人體中的放射性衰變所產生的能量,會改變(或稱變性)許多參與代謝的複雜化學物質,人體可以辨識並移除這些受損的化學物,但這項能力有其限度。高度暴露在放射線下會增加致癌風險,導致輻射病變。這種影響遍及全身,對於不斷生長並更新細胞的人體組織而言更有致命影響,例如胃黏膜、皮膚、血液供給和生殖器等等。治療方式包括使用化學物質來捕獲並移除放射性物質。

美國輻射工作人員一年的最大容許值(50 mSv)

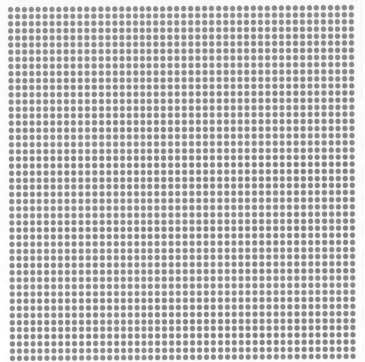

明顯與增加癌症風險相關的最低年劑量
(100 mSv)

搶救行動中急診工作人員的劑量限制
(250 mSv)

即使有防護也會致命的劑量(8Sv)

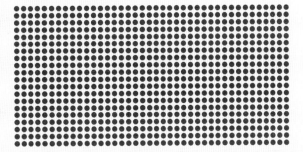

穩定性

每個原子核都有半衰期，也就是一個原子核樣本的一半衰變所需要的時間。高放射性的原子核，其半衰期只有百萬分之一秒，很快就衰變了；不具放射性的元素，半衰期則是以幾兆年來計算。

穩定的原子核

理論上而言，所有原子核都有半衰期，不過非放射性元素的半衰期遠遠超過宇宙存在的時間。

120

質子對中子比

這張圖表顯示出所有已知原子核的質子對中子比，顏色代表的是每個原子核的半衰期。穩定的原子核，也就是那些建造了我們周圍的地球與宇宙的原子，在中段形成了深色帶。

100

增加的比率

80 比較小的元素中，中子和質子的數量大致相等，不過隨著原子核穩定增加重量，比例便往中子那邊傾斜，這是因為在較大的原子核中，質子分得比較開，更容易把彼此推開。為了維持穩定，質子便和電荷中性的中子「稀釋」了。

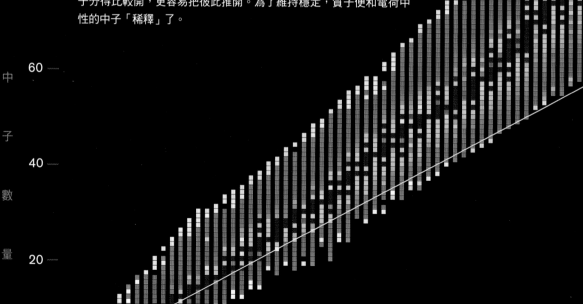

中
子
數
量

60

40

20

N

Z   20   40   60

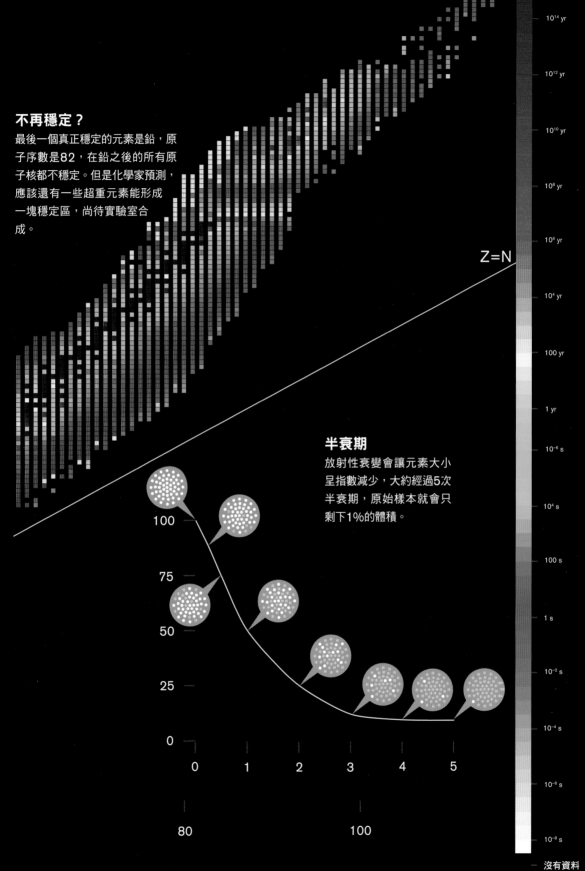

不再穩定？

最後一個真正穩定的元素是鉛，原子序數是82，在鉛之後的所有原子核都不穩定。但是化學家預測，應該還有一些超重元素能形成一塊穩定區，尚待實驗室合成。

Z=N

半衰期

放射性衰變會讓元素大小呈指數減少，大約經過5次半衰期，原始樣本就會只剩下1%的體積。

半衰期

穩定
10^{14} yr

10^{12} yr

10^{10} yr

10^8 yr

10^6 yr

10^4 yr

100 yr

1 yr

10^{-6} s

10^4 s

100 s

1 s

10^{-2} s

10^{-4} s

10^{-6} s

10^{-8} s

沒有資料

如何製造新元素

放射性金屬鈾是自然界中有可用存量的最重原子，不過自1930年代以來，科學家便開始製造新元素，擴展週期表。

超鈾元素

大部分的合成元素組成了所謂的超鈾元素，因為都比鈾還重。

原子擊破

製造合成元素需要精準和極大的力量。簡單說，用一串較小的原子核（A），事先移除這些原子中的電子，射向較大原子核（B）做成的靶。大多數時候，這樣的撞擊都不會有效果，但是有少數幾個能夠完整對齊，這樣大原子核就能抓住較小的，兩者可以融合成更大的原子核，而且是全新的元素（C）。

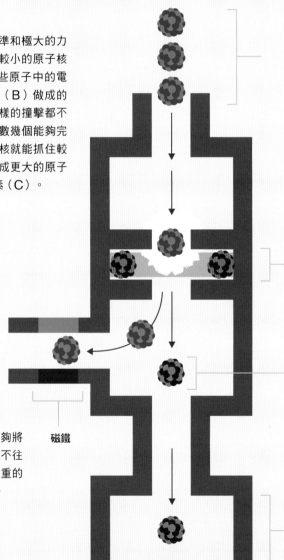

元素A

利用電場為元素A的原子束加速，再用磁場導向標靶。

元素B

標靶是一層含有元素B的箔，大多數元素A都會直接穿過。

仔細調整好的磁場能夠將較輕的原子核吸走，不往偵測器方向飛，讓較重的原子核可以繼續向前。

磁鐵

元素C

相當偶然的情況下，元素A會與元素B融合，形成更大的原子核。

偵測器

新元素必須盡速分析，因為可能是非常不穩定的同位素。

因炸彈而生

許多最初合成的元素，像是鐤，都是核武器試驗造成巨大爆炸下的副產品。

原料清單

這張表列出哪些較小的元素被撞在一起製造新的原子核，成為更大、超重的合成元素。科學家通常會用合成原子核來製造更重的原子核。

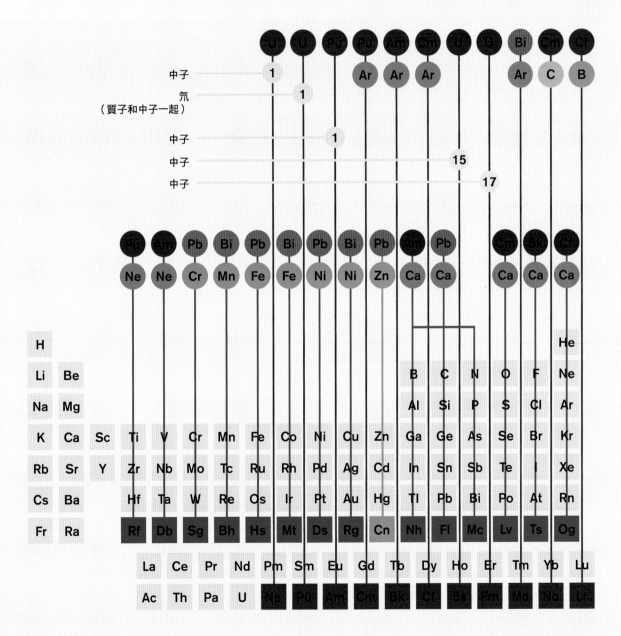

有機化學

現今化學家所研究的千萬種化合物中，大約90%都含有碳。1個碳原子一次能形成4個鍵結，因此化合物的變化相當多。碳化學之所以稱為「有機」，是因為許多碳化合物都是由生物製造或衍生出來的。

烴類

有機化合物最基本的形式是烴，這些化合物含有氫，許多都能當成燃料。

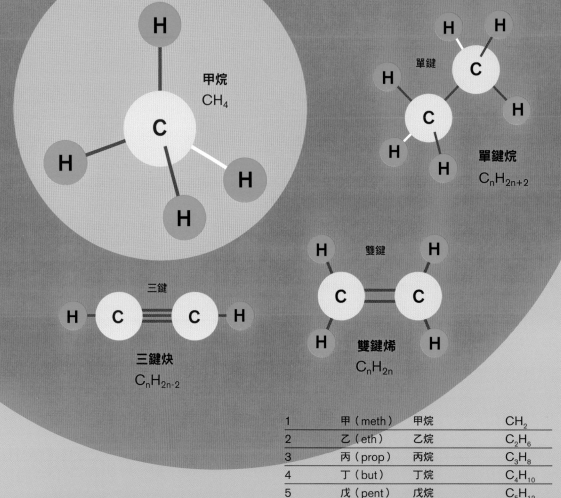

甲烷
CH_4

單鍵

單鍵烷
C_nH_{2n+2}

雙鍵

雙鍵烯
C_nH_{2n}

三鍵

三鍵炔
C_nH_{2n-2}

命名習慣

有機化合物的英文名稱是有系統的，從字尾是-ane、-ene或者-yne就知道是什麼樣的化合物；字首代表的則是鍵結在一起的碳有多少。

1	甲（meth）	甲烷	CH_2
2	乙（eth）	乙烷	C_2H_6
3	丙（prop）	丙烷	C_3H_8
4	丁（but）	丁烷	C_4H_{10}
5	戊（pent）	戊烷	C_5H_{12}
6	己（hex）	己烷	C_6H_{14}
7	庚（hept）	庚烷	C_7H_{16}
8	辛（oct）	辛烷	C_8H_{18}
9	壬（non）	壬烷	C_9H_{20}
10	癸（dec）	癸烷	$C_{10}H_{22}$

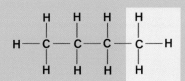

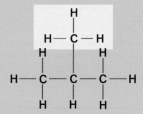

C₄H₁₀

同分異構物

有機化合物可以將相同數目的原子以
不同方式排列，形成一整族化合物，
稱為同分異構物。

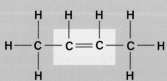

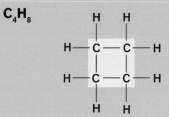

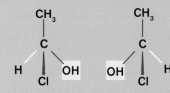

常見化學物

許多我們最熟悉的化學物都是有機
的。

C₄H₈

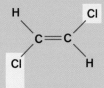

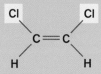

順反異構物

部分分子的方向在同分異構物中也
很重要，反向異構物表示分子落在
不同邊，順向異構物則表示在同一
邊。

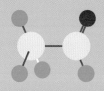

旋向

同分異構物還會有旋向（也稱為對掌性），這
兩個同分異構物互為鏡像。

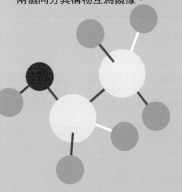

酒精的分子，像是乙醇，含有一個
羥基。

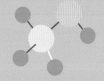

醛類，例如甲醛，可以用
做防腐劑。

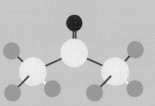

酮類會當做溶劑使用。

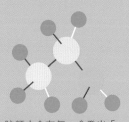

硫醇中含有硫，會發出刺
鼻氣味。

胺類中含有氮，會發出「
肉類」的味道。

酸鹼表

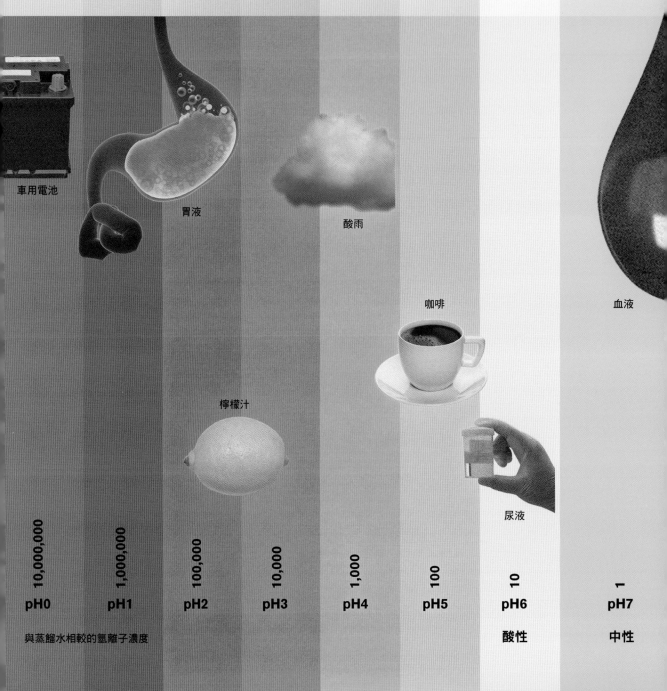

酸和鹼的強度是以pH值來測量,最低為0,最高為14;pH值7是中性(既不是酸也不是鹼),小於7則為酸類,而鹼類的pH值會高於7。這份量表是以對數增加,也就是在量表上差1級,強度就增加或減少10倍。

為什麼是酸?

pH的意思是「可能溶出多少氫離子」,酸性化學物在反應中能貢獻出氫離子(H^+),愈強的酸能送出更多離子,反應也就更劇烈。

車用電池

胃液

酸雨

咖啡

血液

檸檬汁

尿液

10,000,000	1,000,000	100,000	10,000	1,000	100	10	1
pH0	pH1	pH2	pH3	pH4	pH5	pH6	pH7
						酸性	中性

與蒸餾水相較的氫離子濃度

為什麼是鹼？

鹼就是酸的相反，在反應中會貢獻氫氧根離子（OH-），若與氫離子反應就會形成水，因此在酸鹼反應中，其中一個產物一定是水。

指示劑

所謂指示劑就是用有顏色的化學物來辨認溶液的pH值，根據全球通用的酸鹼指示來決定顏色。

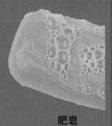

肥皂

漂白水

排水管
清潔劑

腸胃藥

氨水

小蘇打

1/10	1/100	1/1,000	1/10,000	1/100,000	1/1,000,000	1/10,000,000
pH8	**pH9**	**pH10**	**pH11**	**pH12**	**pH13**	**pH14**
中性	鹼性					

與蒸餾水相較的氫離子濃度

寶石的化學

寶石是高價的結晶體，具備某些共通的特性，例如都相當堅硬，因此不易因為碰撞或刮擦而受損；而且具有透光性，也就是說，只要以正確方式切割，就能由內閃耀出光采。不過，真正用來幫寶石分門別類的根據是顏色。

反射性

寶石會有顏色，因為這是唯一由石頭反射出來的光，其他顏色的光都被寶石內的晶格吸收了。

藍寶石

化合物：氧化鋁
雜質：鈦

鑽石

純碳

綠松石

化合物：氫氧化鋁
雜質：銅

玉

化合物：矽酸鈉鋁
雜質：鉻與鐵

橄欖石

化合物：矽酸鎂
雜質：鐵

石榴石

化合物：矽酸鎂鋁
雜質：鐵

紫水晶

化合物：二氧化矽
雜質：鐵

黃水晶

化合物：二氧化矽
雜質：鋁

晶格結構

寶石內的晶格結構將原子全都鎖成一個堅固而反覆的網絡，因此造就了寶石的硬度。

關鍵的雜質

如這張圖表所示，寶石通常是相似（甚至是一模一樣）的礦物化合物，其中有許多在正常狀態下是沒有顏色的。寶石耀眼的顏色是來自於當中極微量的雜質。

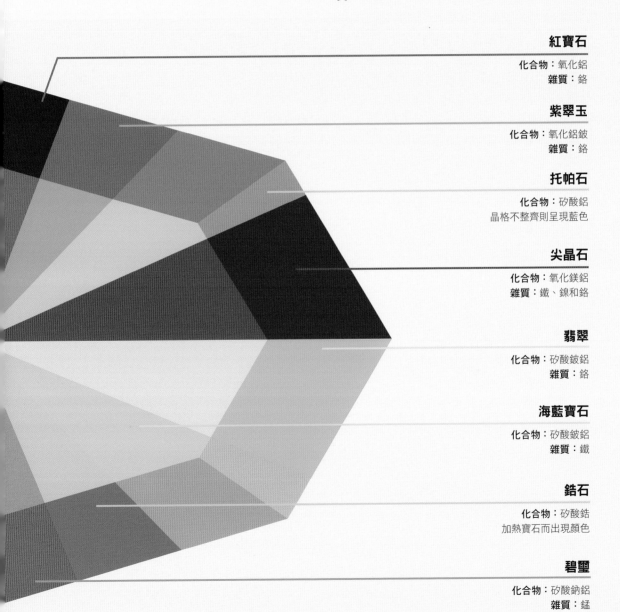

紅寶石

化合物：氧化鋁
雜質：鉻

紫翠玉

化合物：氧化鋁鈹
雜質：鉻

托帕石

化合物：矽酸鋁
晶格不整齊則呈現藍色

尖晶石

化合物：氧化鎂鋁
雜質：鐵、鎳和鉻

翡翠

化合物：矽酸鈹鋁
雜質：鉻

海藍寶石

化合物：矽酸鈹鋁
雜質：鐵

鋯石

化合物：矽酸鋯
加熱寶石而出現顏色

碧璽

化合物：矽酸鈉鋁
雜質：錳

4

元素指南

氫

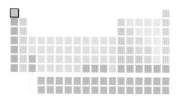

氫是週期表的第一個元素。它是所有元素當中結構最簡單的原子，由單質子原子核與一顆環繞原子核的電子所組成。氫屬於週期表的1族，但不像同一族的其他元素，氫並非金屬，而是質量非常輕的氣體。含有氫離子的化合物稱為「酸」。

重要無比的氫

氫是宇宙中含量最多的元素，因為它是第一個生成的元素。雖說是第一個，但其實是在大霹靂的38萬年之後，宇宙才冷卻到足以生成氫原子。

看得見的宇宙

肉眼看得見的物質都是由各種元素組成，形成我們在宇宙中所見的恆星、行星和星系等，其中四分之三都由氫組成，剩餘四分之一，則由92%左右的太初元素構成。

25%

75%

黑沉沉的宇宙

1930年代，天文學家發現「暗物質」，這種物質看不見，也不是由元素組成。1990年代晚期，又發現「暗能量」，這種能量會產生排斥引力的神祕效應，不斷使宇宙膨脹。暗物質與暗能量總共佔了

96%

的宇宙。氫雖然在宇宙中的含量多，也只占了3%，其他的元素共占1%。

原子量：1.00794　　　　元素類別：非金屬
顏色：無色　　　　　　　原子序：1
相：氣體
熔點：-259℃（-434℉）
沸點：-253℃（-423℉）
晶體結構：無

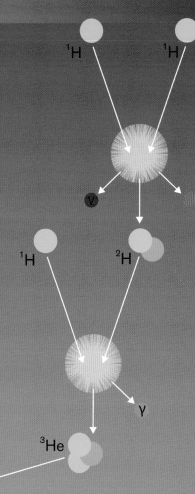

¹H　¹H

¹H　¹H

4%

核融合能量

太陽就像大部分的恆星，是一大球氫電漿，在自身的重力下漸漸塌陷。太陽核心的壓力非常龐大，使氫原子融合在一起。首先，兩顆氫原子形成一顆氘原子（²H），這是氫的同位素，原子核中有一顆中子和一顆質子；接著，一顆氫和一顆氘融合，形成氦同位素（³He），是有1顆中子的同位素；最後，兩顆氦同位素（³He）互相融合，形成一顆氦原子（⁴He），即第二輕的元素。

²H　　　¹H

¹H　　　²H

γ

γ

³He

³He

核融合反應會釋放熱和光，點亮太陽這顆恆星，在此過程中，原子質量的4%會轉換為純能量。太陽現正藉由核融合慢慢消耗自己。

¹H　　　¹H

⁴He

氦

2 He		原子量：4.002602 顏色：無色 相：氣體 熔點：-272℃（-458℉） 沸點：-269℃（-452℉） 晶體結構：無	元素類別：鈍氣 原子序：2

氦是鈍氣族的第一個元素，此族又稱「貴」氣體，因為它們具有不活潑的化學特性，不會和「普通」的元素結合。氦是第一個被發現的鈍氣，而且發現氦的地方十分不尋常──是在太陽的光裡面找到的。1868年的一次日全食期間，天文學家正在研究日冕（太陽周遭的一圈發光氣體），他們發現一條有色光譜線，不符合任何一個已知的元素，這表示太陽上存在一種新元素，遂命名為氦，原意是「太陽金屬」。1895年，化學家在地球上找到從放射性礦石和火山當中逸散的氦，並發現這是一種質量很輕的氣體。

氦的
放射光譜

尖聲尖氣

氦有許多重要的用途，但是拿它來讓你的聲音變尖可不是其中一個。吸進氦氣之所以能改變人說話的聲調，是因為聲波在這種密度低的氣體的震動，會比密度高的空氣快。

空氣

氦

鋰

原子量：6.941
顏色：銀白
相：固體
熔點：181℃（358℉）
沸點：1342℃（2448℉）
晶體結構：體心立方

元素類別：鹼金屬
原子序：3

3
Li

鋰是週期表中第一個金屬元素。它可做為藥物治療躁鬱症等情緒障礙，同時也是熱核武器（氫彈）的觸發機制。然而，鋰目前最大的用途是做成體積小、能量密度高的充電電池，今日的手機即是採用鋰電池供電，日後也可望用來驅動電動汽車。

智利
12,900公噸

玻利維亞
13,000公噸

開採鹽礦

鋰礦可在岩石中找到，但主要的來源是鹽灘，特別是在安地斯山脈地區。這份產量圖顯示，玻利維亞將在不久的將來成為全世界最大的鋰生產國，佔全球存量的一半。

中國
5,000公噸

阿根廷
2,900公噸

辛巴威
1,000公噸

葡萄牙
570公噸

巴西
400公噸

鈹

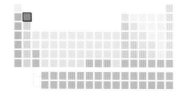

原子量：9.012182
顏色：銀白
相：固體
熔點：1,287℃（2,349℉）
沸點：2,469℃（4,476℉）
晶體結構：六方

元素類別：鹼土金屬
原子序：4

鈹是一種不容易起化學反應的金屬，熱穩定性非常高，也就是說，鈹加熱時不會膨脹或變形。

詹姆斯・韋伯太空望遠鏡

6.5公尺

1,300萬光年

熱輻射的鏡子

詹姆斯・韋伯太空望遠鏡（James Webb Space Telescope，JWST）的鏡片即是以鈹製成。在有史以來發射到太空的望遠鏡當中，詹姆斯・韋伯望遠鏡的鏡面最大，能夠接收太空的熱輻射，而非光線。

哈伯

2.4公尺

1,200萬光年

拉長的光

最古老、最遙遠的恆星所發射的光，已經在太空旅行很長一段時間，被拉長成看不見的熱輻射。換句話說，相較於僅能接收光線的哈伯望遠鏡，詹姆斯・韋伯太空望遠鏡可以看到遠上超過1百萬光年之外的恆星。

硼

後燃氣
點火裝置

原子量：10.8111
顏色：多種
相：固體
熔點：2,076℃（3,769℉）
沸點：3,927℃（7,101℉）
晶體結構：菱面體（硼化物）

元素類別：類金屬
原子序：5

5

B

硼是種堅硬深色的無光澤固體。雖然英文拼法近似「無趣的」，但這個元素一點也不乏味，用途頗為多元。

核反應的控制棒

控制棒裡的硼能夠吸收核分裂時產生的中子，將控制棒插入反應爐內，可以減緩連鎖反應的速率。

耐熱玻璃

電視石

鈉硼解石是一種硼礦物，擁有獨特的光學特性，可將晶體底下的光傳到最上方，形成清晰的影像。

橡皮黏土

防彈衣

碳

6
C

原子量：12.0107
顏色：透明（鑽石）或黑色（石墨）
相：固體
熔點：無，熔化前就會變成蒸汽（昇華）
昇華點：3,642℃（6,588℉）
晶體結構：六方（石墨）或面心立方（鑽石）

元素類別：非金屬
原子序：6

所有生命體內的化學物質，皆是以碳為基礎，此元素經由碳循環在生物圈內移動。

碳的流動

在光合作用中，植物會把二氧化碳（CO_2）轉化為糖分，二氧化碳再經由呼吸作用回到空氣中。植物與以植物為食的動物都會進行呼吸作用，以燃燒糖分、釋放能量。

化石供給

大部分生物死亡後，會被微生物吃掉，而這也會以二氧化碳的形式釋放碳。有些生物死屍會困在岩石裡，變成富含碳的物質，形成煤炭、石油和天然氣。

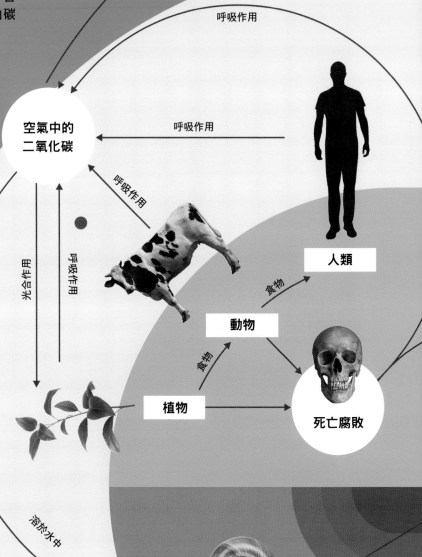

呼吸作用

空氣中的二氧化碳

呼吸作用

呼吸作用

人類

光合作用

呼吸作用

食物

動物

植物

死亡腐敗

食物

溶於水中

岩石

貝殼

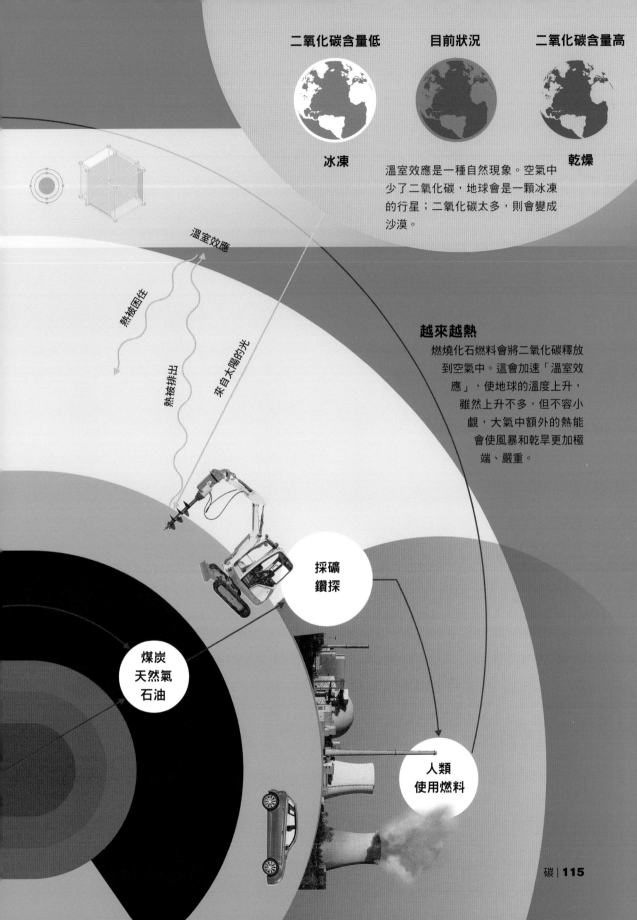

二氧化碳含量低　　　目前狀況　　　二氧化碳含量高

冰凍　　　　　　　　　　　　　乾燥

溫室效應是一種自然現象。空氣中少了二氧化碳，地球會是一顆冰凍的行星；二氧化碳太多，則會變成沙漠。

溫室效應

熱被困住

熱被排出

來自太陽的光

越來越熱

燃燒化石燃料會將二氧化碳釋放到空氣中。這會加速「溫室效應」，使地球的溫度上升，雖然上升不多，但不容小覷，大氣中額外的熱能會使風暴和乾旱更加極端、嚴重。

採礦
鑽探

煤炭
天然氣
石油

人類
使用燃料

氮

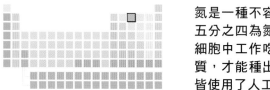

氮是一種不容易起化學反應的氣體，我們所呼吸的空氣中，有五分之四為氮氣。氮是形成蛋白質的關鍵元素，而蛋白質是在細胞中工作吃重的化學物質。現代農業必須添加含氮的化學物質，才能種出足夠的糧食。世界上三分之一的人口所吃的食物皆使用了人工氮。

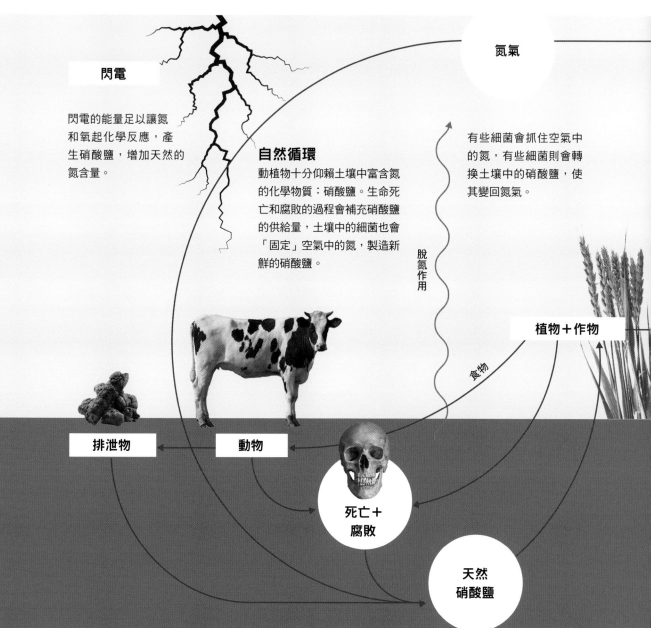

閃電

閃電的能量足以讓氮和氧起化學反應，產生硝酸鹽，增加天然的氮含量。

自然循環

動植物十分仰賴土壤中富含氮的化學物質：硝酸鹽。生命死亡和腐敗的過程會補充硝酸鹽的供給量，土壤中的細菌也會「固定」空氣中的氮，製造新鮮的硝酸鹽。

氮氣

有些細菌會抓住空氣中的氮，有些細菌則會轉換土壤中的硝酸鹽，使其變回氮氣。

脫氮作用

食物

植物＋作物

排泄物

動物

死亡＋腐敗

天然硝酸鹽

原子量：14.00672
顏色：無色
相：氣體
熔點：-210℃（-346℉）
沸點：-196℃（-320℉）
晶體結構：無

元素類別：非金屬
原子序：7

氮氣

哈伯法
氮和氫可以用來製造肥料的原料：
氨氣（NH_3）。

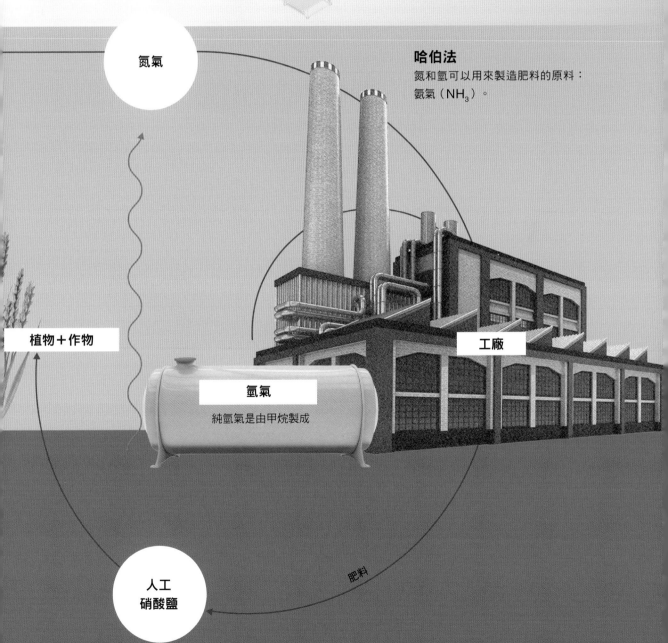

植物＋作物

工廠

氫氣

純氫氣是由甲烷製成

人工
硝酸鹽

肥料

氧

O 8

氧是一種活性氣體。其電負度高，對電子具有很強的拉力，能將電子吸引到外層，發生化學反應，形成化學鍵。元素週期表尚有其他幾種活性元素，但氧卻格外不尋常：儘管十分容易形成化合物，氧在大自然中卻能以純物質的形式存在。

「重」水

地球表面70%是由水覆蓋，而水是由氫和氧所組成。雖然氫原子的數量為氧原子的兩倍，但質量較大的氧卻占了海洋質量的88%。

存量豐富

氧是地殼最常見的元素，占了地球岩石質量的49%，大多數的礦物當中都能找到氧，如矽土（沙子）、黏土和石灰岩。

稀薄的空氣

聖母峰頂的大氣壓力很低，僅為海平面標準氣壓的三分之一，因此氧氣無法順利從空氣進入血液，呼吸速度加快3倍也不夠。因此，聖母峰頂周圍或者任何8,000公尺以上的高山，被稱作「死亡區域」。待在這些地區，身體會逐漸衰竭，最終失去意識並死亡。

毒氣

空氣中所有的純氧，皆是地球上的植物和其他進行光合作用的生物釋放出來的。在地球的大氣層形成之初，岩石沒有釋放任何純氧，因此地球剛生成的20億年間，主要是由氮和二氧化碳包覆。遠古生物不需要氧氣，而是利用其他化學物質來獲取能量，例如硫磺。23億年前，地球上的生命演化出光合作用，造成氧氣大量釋放。氧氣對早期的生物而言是有毒的，導致當時地球上大部分生物滅絕，稱為「大氧化事件」。諷刺的是，光合作用如今是所有食物網的基礎，少了光合作用，我們今日所知的動物王國不可能存在。

原子量：15.9994
顏色：無色
相：氣體
熔點：-219℃（-362℉）
沸點：-183℃（-297℉）
晶體結構：無

元素類別：非金屬
原子序：8

帶磁液氧

氧具有順磁性，能夠受到磁場吸引。氧在氣體狀態時磁性極弱，效果微乎其微。然而，當氧冷卻成液體，磁力就會變強，磁鐵能夠彎曲液氧的流向。

怪物世界

氧氣占了大氣層的21%，但在遠古時代的某些時期，曾經存在更多氧氣。比方說，約3億年前的石炭紀，樹木開始演化出來，釋放更多氧氣，使空氣中的氧氣比例上升至35%，由於無脊椎動物是直接從皮膚表面吸收氧氣，因此得以長成巨大的體積。例如，巨脈蜻蜓長到65公分長，而馬陸的遠親節胸蜈蚣則可以長到2.3公尺。

新氣體的發現

1772年瑞典人卡爾‧舍勒（Carl Scheele）第一次分離出純氧，但他並未對外廣泛發表自己發現的這種「火之氣」，因此大部分的人都把功勞歸給英國人約瑟夫‧普利斯特里（Joseph Priestley），他是在1774年製造出純氧，並取了個拗口的名字：「無燃素氣」，典故來自一個關於燃燒過程的理論，該理論聲稱，物質是藉由吸收一種神祕的物質「燃素」來燃燒。因為氧氣讓火燃燒得如此之旺，所以普利斯特里認為這種氣體不含燃素，也就是「去燃素」。隨著化學領域飛快進展，後來安東萬‧拉瓦節（Antoine Lavoisier）將這種氣體重新命名為氧氣。

氧 | 119

氟

F
9

原子量：18.9984032
顏色：淡黃
相：氣體
熔點：-220℃（-364℉）
沸點：-188℃（-307℉）
晶體結構：無

元素類別：鹵素
原子序：9

氟是非金屬元素中最活潑的，一道純氟氣柱足以燒穿大部分的材質，包括磚頭和實心的鐵，早期嘗試製備純氟時，常以設備遭氟氣摧毀收場。經過許多化學家的研究，74年之後，亨利‧莫瓦桑（Henri Moissan）終於在1884年成功了，他將設備冷卻至非常低的溫度，減緩反應。

小心危險

純氟必須小心控制，以防產生危險的化學反應。氟必須冷卻至超低溫（-200℃／-328℉），以液體形式貯存於鎳或銅製的容器，因為這兩種元素不會和氟產生劇烈的反應。

氟氯碳化物的縮寫為CFCs，也就是氯氟烴（chlorofluorocarbons）。氯氟烴過去常被加在噴霧罐裡，但是因為對大氣層有害，後來遭到禁用。

牙膏裡有氟化物。氟離子會與牙齒琺瑯質中的鈣離子結合，創造更強固的結構，抵禦食物的酸性物質攻擊。

以氟製成的液體可以將氧氣傳送到肺中，使人用液體呼吸。

鐵氟龍是一種光滑的塑膠，含有氟的成份，用來製作不沾鍋具。

氖

百萬分之
1340

宇宙

原子量：20.1797	元素類別：鈍氣
顏色：無色	原子序：10
相：氣體	
熔點：-249℃（-415℉）	
沸點：-246℃（-411℉）	
晶體結構：無	

10

Ne

氖是宇宙中第5多的元素，但在地球上很稀少，僅占大氣的不到5萬分之一。不過，這個稀少的氣體倒有一個很有名的用途——霓虹燈。

大氣　　　　百萬分之18

岩層

空氣

廢氣
氖是蒸餾空氣來製造純氧和氮時會產生的廢棄物。在這個過程中，空氣會被冷卻至-250℃左右，變成液態。將此液體加熱，空氣混合物當中的每一種氣體便能夠蒸發，首先收集到的氣體就是微量的氖和其他鈍氣。

百萬分之30

-150

蒸餾

氮

-200

氦　氪　氙

氬

-250

氖

氧

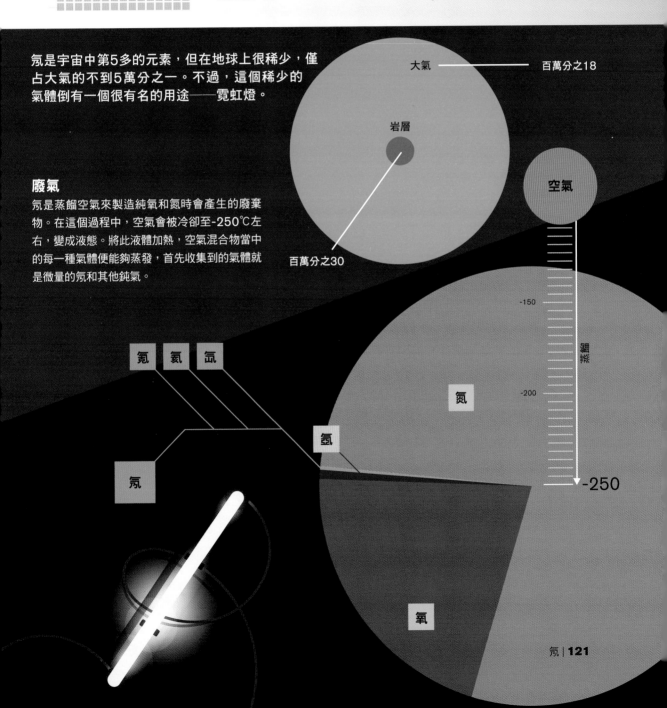

鈉

11
Na

原子量：22.989770
顏色：銀白
相：固體
熔點：98℃（208℉）
沸點：883℃（1,621℉）
晶體結構：體心立方
元素類別：鹼金屬

原子序：11

鈉是一種高度活躍的金屬，在身體裡扮演重要的角色。鈉離子（比鈉原子少一顆電子）負責產生電脈波，攜帶訊息通過神經，這個過程稱為動作電位。動作電位發生時，帶電的離子流進神經細胞長長的「電線」（也就是軸索），脈波的移動速率為每秒150公尺。

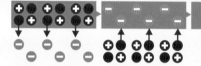
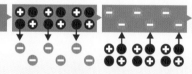

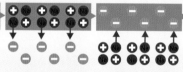
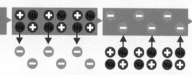

泡泡化學物質

肥皂裡的其中一種化學物質就是鈉。硬脂酸鈉是一種白色滑膩固體，能夠讓污垢和水混合。

急需鹽巴

氯化鈉俗稱食鹽，是食物中主要的鈉來源。若沒有足夠的鹽，肌肉會抽筋。

肌肉動作

鈉的動作電位會使長長的蛋白質相互拉扯，藉此讓肌肉收縮。

原子量：24.3050
顏色：銀白
相：固體
熔點：650℃（1,202℉）
沸點：1,090℃（1,994℉）
晶體結構：六方

元素類別：鹼土金屬
原子序：12

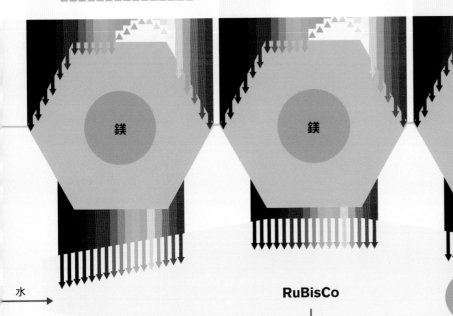

水 →

鎂　　鎂　　鎂

RuBisCo

糖＋氧

鎂

← 二氧化碳

賦予生命

鎂是光合作用過程中很重要的因子。植物透過光合作用，在陽光下使用能量製造糖。葉綠素中央有一顆鎂原子，植物也就是用葉綠素收集太陽能量。葉綠素會吸收紅光和藍光，但會反射綠光，所以葉子看起來都是綠色的。困住的能量會傳遞到另一種鎂化學物質，也就是1,5-二磷酸核酮糖羧化酶／加氧酶（RuBisCO），這種酵素利用能量來結合水和二氧化碳，製造出葡萄糖，地球上所有生物都仰賴葡萄糖供給能量。在光合作用的過程中，氧氣是唯一的廢棄物。

改善生命

鎂乳含有氫氧化鎂粉末，有助減緩消化不良；用來乾燥肌膚的柔軟滑石粉，則為鎂質矽酸鹽。

輕量材質

Elektron是一種鎂含量達90%的輕量合金，用於賽車和航太工業。

賦予光明

仙女棒亮閃閃的白光是燃燒鎂粉產生的。

鋁

13	
Al	

原子量：26.981
顏色：銀灰
相：固體
熔點：660℃（1,220℉）
沸點：2,513℃（4,566℉）
晶體結構：面心立方

元素類別：後過渡金屬
原子序：13

精煉

鋁是地球的岩層中最常見的金屬。然而，鋁太過活潑，無法像鐵和銅一樣利用化學反應提煉。製造純鋁須透過一種強大的電解過程，提煉一公噸的鋁礦需要消耗6個家庭一年所使用的能源。然而，鋁幾乎可以完全回收，僅會損失3%，而且回收過程所需的能量，只需提煉時的5%。全世界的鋁製品有75%是以回收鋁製成。

75%

回收

5%

97%

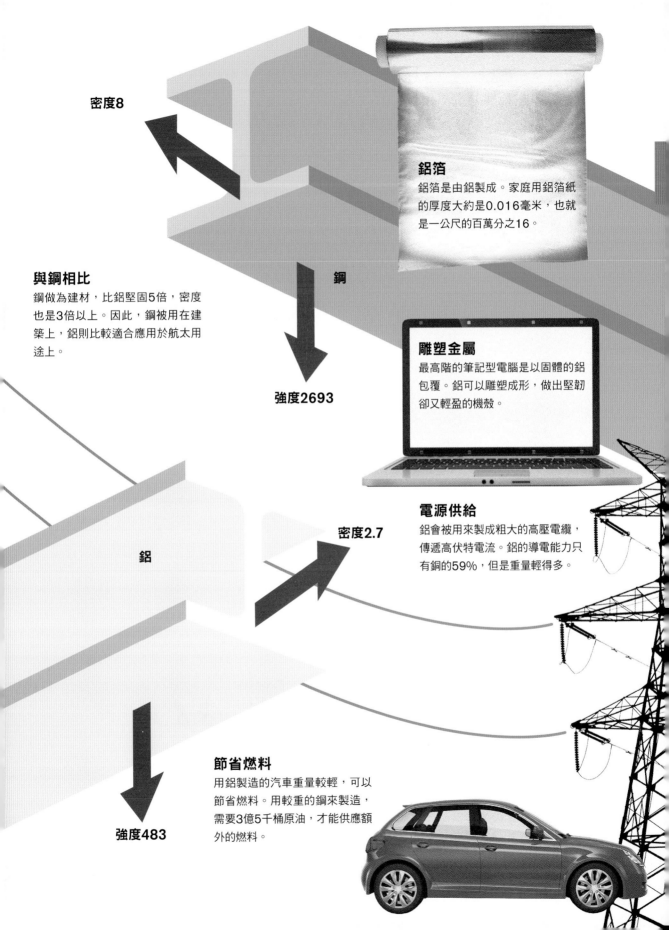

密度8

與鋼相比
鋼做為建材，比鋁堅固5倍，密度也是3倍以上。因此，鋼被用在建築上，鋁則比較適合應用於航太用途上。

鋼

強度2693

鋁箔
鋁箔是由鋁製成。家庭用鋁箔紙的厚度大約是0.016毫米，也就是一公尺的百萬分之16。

雕塑金屬
最高階的筆記型電腦是以固體的鋁包覆。鋁可以雕塑成形，做出堅韌卻又輕盈的機殼。

密度2.7

鋁

電源供給
鋁會被用來製成粗大的高壓電纜，傳遞高伏特電流。鋁的導電能力只有銅的59%，但是重量輕得多。

節省燃料
用鋁製造的汽車重量較輕，可以節省燃料。用較重的鋼來製造，需要3億5千桶原油，才能供應額外的燃料。

強度483

矽

千萬年來，矽對人類文明影響極其深遠。矽是黏土的成分之一，黏土可用來製作磚塊和陶器；矽也是水泥的有效成分，被用來製作混凝土；在20世紀，矽做為半導體的特性更革新了科技。

西元前5000

泥磚

瓷器

西元1850

西元前7500

陶器
輪子最初是由陶工發明，後來才用於車輛。

西元1700

水泥
波特蘭水泥是由石灰岩和矽酸鈣混合而成。

組成岩層
矽化物在地球的地殼占了90%，並且剛好超過所有岩石總合的四分之一重量。矽很容易取得，提煉也很便宜。

90%

矽

質量占27%

原子量：28.0855
顏色：金屬藍
相：固體
熔點：1,414℃（2,577℉）
沸點：3,265℃（5,909℉）
晶體結構：鑽石立方

元素類別：類金屬
原子序：14

矽氧樹脂

這是一種矽酸鹽聚合物，用作密封劑、潤滑劑和耐熱橡膠。

西元1940

矽晶片

純矽片可以做成電晶體的電路，也就是作為電腦處理器基礎的微小電子開關。

西元2000

微機械

尺寸極小，僅1公尺的百萬分之幾，是由矽的單一晶體製成，可用於奈米科技，這些機器小到可放置在人體內。

西元1901

西元1958

太陽能板

以矽為基礎製成的太陽能陣列，可以為長期停留軌道的太空船供應能源。

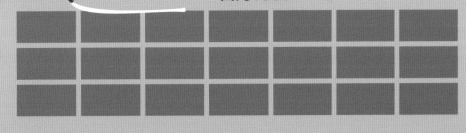

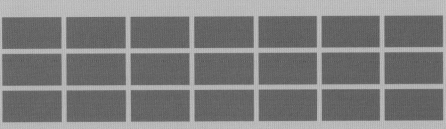

矽 | **127**

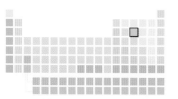

磷

P 15		

原子量：30.973762
顏色：白、黑、紅或紫
相：固體
熔點：白：44℃（111℉）；黑：610℃（1,130℉）
昇華點：紅：416－590℃（781－1,094℉）；紫：620℃（1,148℉）

沸點：白：281℃（538℉）
晶體結構：白：立方或三斜；紫：單斜；黑：斜方；紅：非結晶
元素類別：非金屬
原子序：15

發現這個活性固體元素的人，是史上第一個有名字流傳下來的元素發現者。1669年，德國煉金術士亨尼格‧布蘭德（Hennig Brand）將純磷分離成閃閃發亮的白色固體。身為煉金術士，他不斷嘗試想從一種相當低廉的物質提煉出黃金，那個物質就是尿液。

磷的製備

布蘭德透過一套繁瑣的程序，想將尿液變作黃金，最後卻製造出磷，但他仍相信這是一種神奇的物質。

6,825公升

堅硬的內在

磷酸鈣晶體在活細胞周圍形成，使骨頭和牙齒堅硬無比。由於這些細胞不斷更新替換，故尿液中含有少量的磷化物。布蘭德相信，尿液含有黃金，因此才會是黃色的，於是從鄰近駐紮的士兵身上蒐集6,825公升的尿液。

尿液放在太陽底下曝曬數週，直到臭氣薰天。

加熱尿液，直到表面出現一層紅油。

冷卻紅油，直到可以分離出黑色和白色的固體。

加熱紅油和黑色固體。

16個小時

一種閃閃發亮的漿汁形成了。布蘭德將之命名為Phosphorous，即「晨星」之意。

這個在光線照射下會發光的物質，被稱作磷光體，但其實它們不含磷。磷是因為與空氣發生反應才發光。

硫

原子量：32.066
顏色：亮黃
相：固體
熔點：115℃（239℉）
沸點：445℃（833℉）
晶體結構：斜方

元素類別：非金屬
原子序：16

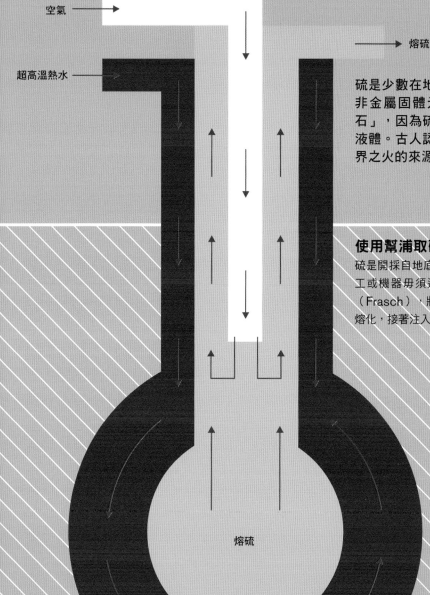

空氣 →

超高溫熱水 →

→ 熔硫

硫是少數在地球上以純物質形態存在的非金屬固體元素。古人稱它為「血之石」，因為硫燃燒時，會熔成暗紅色的液體。古人認為，這種黃色的晶體是冥界之火的來源。

使用幫浦取硫

硫是開採自地底下的沉積岩層。通常，採硫礦工或機器毋須進入地底，而是使用弗拉施法（Frasch），將超高溫的熱水打進硫礦，使硫熔化，接著注入空氣，迫使液體流出地面。

熔硫

氯

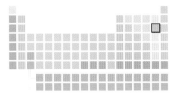

17	
Cl	

原子量：35.453
顏色：黃綠
相：氣體
熔點：-102℃（-151℉）
沸點：-34℃（-29℉）
晶體結構：無

元素類別：鹵素
原子序：17

氯是一種綠色氣體，具有高度活性和腐蝕性，和它接觸的東西幾乎都會被殺死。因此，氯是清潔和衛生殺菌產品的重要成分。純氯是透過電解氯化鈉（即食鹽）而來，在電解過程中，強大的電流會將這兩種元素扯開，各自形成純物質。

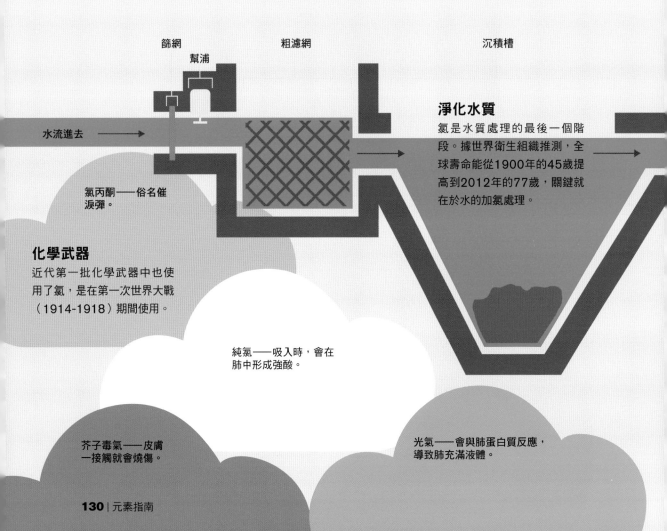

篩網

幫浦

粗濾網

沉積槽

水流進去 →

氯丙酮——俗名催淚彈。

淨化水質

氯是水質處理的最後一個階段。據世界衛生組織推測，全球壽命能從1900年的45歲提高到2012年的77歲，關鍵就在於水的加氯處理。

化學武器

近代第一批化學武器中也使用了氯，是在第一次世界大戰（1914-1918）期間使用。

純氯——吸入時，會在肺中形成強酸。

芥子毒氣——皮膚一接觸就會燒傷。

光氣——會與肺蛋白質反應，導致肺充滿液體。

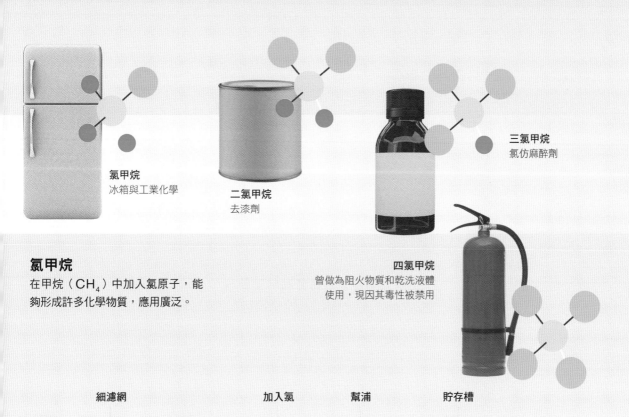

氯甲烷

冰箱與工業化學

二氯甲烷

去漆劑

三氯甲烷

氯仿麻醉劑

氯甲烷

在甲烷（CH_4）中加入氯原子，能
夠形成許多化學物質，應用廣泛。

四氯甲烷

曾做為阻火物質和乾洗液體
使用，現因其毒性被禁用

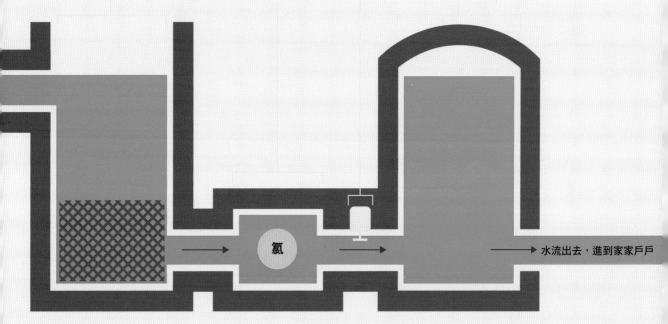

細濾網　　　　　　　　加入氯　　　幫浦　　　　貯存槽

氯

水流出去，進到家家戶戶

當液體碰上氣體

加氯是水質處理的最後一個階段。
首先，使用一系列的濾網和沉積槽
來移除固體物質；接著，加入次氯

酸鈣，緩慢釋放微量的氯氣，攻擊
細菌，並使經過淨化的水產生一股
特有的氣味。

氬

18	
Ar	

原子量：39.948
顏色：無色
相：氣體
熔點：-189℃（-308℉）
沸點：-186℃（-303℉）
晶體結構：無

元素類別：鈍氣
原子序：18

氬占空氣將近百分之一。由於這種微量氣體起不了什麼作用，18、19世紀研究空氣的氣動化學家一直對它感到不解。1894年，科學家發現這種物質是鈍氣，於是將之命名為「氬」（argon），意思是「懶惰的」。氬具有多種用途，例如：填充雙層玻璃窗之間的空隙，阻隔熱經由窗戶傳導；古代文物（如古老文獻）的展示櫃會填充氬，防止紙張受潮濕的空氣、黴菌或細菌攻擊。

氬氣阻隔
焊接槍會在烈焰周圍噴射氬氣，阻隔空氣，防止氧氣與被焊接的物品產生反應。

追熱飛彈
這種對熱敏感的裝置是使用液態氬來保持冷卻。

撲殺雞禽
雞隻染病時，會用氬氣使其窒息死亡的方式快速集體撲殺。

滅火器
重要的數據中心會使用氬來滅火，因為其他滅火器會損害精密的電腦儀器。

鉀

原子量：39.0983
顏色：銀灰
相：固體
熔點：63℃（146℉）
沸點：759℃（1,398℉）
晶體結構：體心立方

元素類別：鹼金屬
原子序：19

19
K

鉀是一種活性金屬，可以在許多岩石中找到。和元素週期表上的鄰居鈉一樣，鉀離子在人體內的量雖然不多，卻在身體健康上扮演重要的角色；事實上，鉀常和鈉相互配合。鉀一直會從體內流失，必須時時補充，才能維持良好的健康狀態。

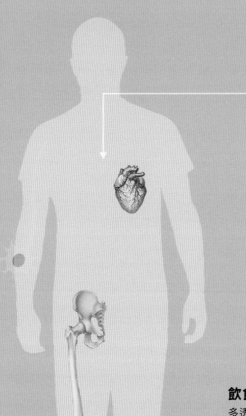

身體系統

鉀能夠製造神經和肌肉裡的電脈衝，也有助於控制心臟搏動的力道，以調節正確的血壓，還會將鈣加進骨骼中，並避免鈣流失。最後，血液中的鉀離子有助於控制pH值，使代謝物用正確的方式從細胞移入移出。

飲食

多透過飲食攝取鉀，是預防心臟和神經功能問題的好方法，缺鉀會導致嗜睡和意識混亂等症狀。菇類、香蕉、綠色蔬菜、豆類、優格和魚類都含有鉀。

鈣

原子量：40.078
顏色：銀灰
相：固體
熔點：842℃（1,548℉）
沸點：1,484℃（2,703℉）
晶體結構：面心立方
元素類別：鹼土金屬

原子序：20

鐘乳石

CaCO₃
石灰岩
（碳酸鈣）

$CaCO_3$

二氧化碳
燃燒

水
碳酸化
二氧化碳

石灰循環
石灰岩為天然的碳酸鈣，是相當重要的化學工業原料。石灰循環是指製造水泥、砂漿和混凝土的過程，其中包含一連串的化學變化。砂漿可以用在建築產業，能夠做成漿體的水泥，也能做成混凝土。接著，砂漿會硬化，變回碳酸鈣這種堅硬又耐用的固體。

砂漿

CaO
生石灰
（氧化鈣）

混合
砂和水

Ca(OH)₂
熟石灰
（氫氧化鈣）

水
熟化

製造沉積物
鐘乳石、石筍和其他種類的洞穴灰華（或稱洞穴構造物），是因為溶在水中的鈣化物從溶液中排出，變成一種固體沉積物。這些構造物生成緩慢，1千年只長10公分左右。

石筍

鈧

原子量：44.955912
顏色：銀白
相：固體
熔點：1,541℃（2,806℉）
沸點：2,836℃（5,136℉）
晶體結構：六方

元素類別：過渡金屬
原子序：21

21
Sc

第一份元素週期表在1869年出爐時，還沒有人知道鈧。然而，德米楚‧門得列夫在表上留了一個空位，因為他很確定未來會發現一種輕量的金屬。10年後，拉斯‧弗雷德里克‧尼爾森（Lars Frederik Nilson）分離出少量的氧化鈧樣本，這是一種白色粉末，尼爾森證明了粉末含有一種新元素，但直到1937年，才有人提煉出純鈧。鈧本身沒有礦石，只會微量存在於許多其他種金屬的礦石之中。因此，每年大約只能開採10公噸的鈧。

快速的噴射機合金

俄羅斯的米格戰鬥機（MiG）是用一種鋁鈧合金所製成，其中只加了微量的鈧，但能夠大大改善合金的強度。

地區名稱

鈧的發現者尼爾森是瑞典人，因此他以斯堪地那維亞為這個新元素命名（scandium）。不過，鈧的主要來源是俄羅斯的科拉半島、烏克蘭和中國。

雷射槍

鈧是高能雷射槍的其中一個成分，這種槍可以運用於太空戰爭，也是一種新式空對空武器。

清潔蛀洞

鈧雷射也能用來清潔蛀洞，在填充蛀洞之前燒掉牙齒腐敗的部分。

鈦

原子量：47.867
顏色：銀
相：固體
熔點：1,668℃（3,034℉）
沸點：3,287℃（5,949℉）
晶體結構：六方

元素類別：過渡金屬
原子序：22

鈦很輕，但就像鋼一樣堅固，而且不會生鏽或受到腐蝕，這些特性使鈦革新了航空業。巨型飛機和高科技的噴射機靠鈦減輕重量，同時又十分堅固，足以抵禦高速飛行遇到的阻力。

鈦的用量
（公噸）

100
90
80 空中巴士A380
70
60 波音747
50
40 波音777
30 空中巴士A340
20 SR-71「黑鳥」
0

波音737
空中巴士A330
空中巴士A320

舊酒裝新瓶

鈦的英文名字（Titanium）來自希臘神話中的泰坦神，在宙斯和其他較年輕的奧林匹斯神奪權之前，本來是由泰坦神統治世界。除了航空工業之外，鈦主要的用途是替換臀部和膝蓋的關節，也被用來製造彈性鏡框和防曬乳。

釩

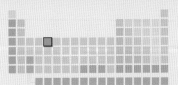

原子量：50.9415
顏色：銀灰
相：固體
熔點：1,910℃（3,470℉）
沸點：3,407℃（6,165℉）
晶體結構：體心立方

元素類別：過渡金屬
原子序：23

世界上只有3個國家生產釩：俄羅斯、中國與南非。現今，此金屬在化工產業有相當重要的應用，不過十分冷門，過去的情況是這樣，未來可能也會如此。

大馬士革鋼

1千年前，十字軍以又大又重的闊刀跟使用彎刀的撒拉森人戰鬥，結果發現闊刀不是彎刀的對手。原來，撒拉森人的刀劍和盔甲是由大馬士革鋼製成，這種合金內含少量的釩，使其非常堅硬，能夠保持鋒利。在後來的十字軍東征，歐洲士兵也使用了類似的武器。

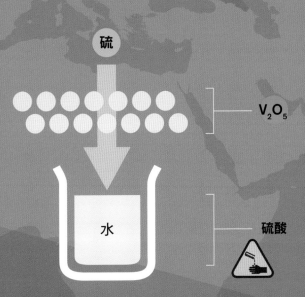

V_2O_5

硫

水

硫酸

接觸法

製造硫酸是化工產業的一項主要活動。將硫、氧、水共同反應，便能生產硫酸。氧化釩催化劑有助於加速反應。

核融合反應爐

釩被用在處於測試階段的環形核融合反應爐中，或稱甜甜圈型反應爐。之所以使用釩，是因為它即使是在非常高溫的狀態下，也不太會膨脹或變形。核融合反應爐能重新創造供給太陽能源的核能，在接下來數十年間，有望成為一種可行的能源。

鉻

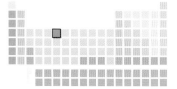

原子量：51.9961
顏色：銀灰
相：固體
熔點：1,907℃（3,465℉）
沸點：2,671℃（4,840℉）
晶體結構：體心立方

元素類別：過渡金屬
原子序：24

鉻是一種閃亮的金屬，用於覆蓋鋼鐵或其他金屬，防止產生難看又有破壞力的鐵鏽。此金屬是經由電鍍的過程塗在金屬表面。

清潔
要鍍上鉻的金屬物件會先清洗、拋光、刷洗。

電流
使用電能將鉻原子推到物件表面，形成一層只有幾顆原子厚度的薄膜。

溶液
物件泡入含有已溶解的鉻化物的溶液之中。流經物件的電流使物件帶負電，帶正電的鉻離子受到物件吸引，從電流中獲得電子，轉換為金屬原子。鉻原子黏附在物件之上，形成一層鉻。

清洗
沖洗電鍍完畢的物件。鉻層十分堅硬，耐受得住刮擦。

錳

原子量：54.938049
顏色：銀灰
相：固體
熔點：1,246℃（2,275℉）
沸點：2,061℃（3,742℉）
晶體結構：體心立方

元素類別：過渡金屬
原子序：25

25
Mn

每年**1,400**萬公噸

錳的貿易量排名第4，主要用來生產堅硬的鋼。
它很少會以純物質的形式被製造出來，大部分都
是與鐵或矽形成合金，這些合金可以做為製鋼的
原料。

錳鐵合金38%

30%矽錳合金

其他合金8%

熔渣13%

2%

9%
純錳

電池科技

氧化錳被用在3種電池中：標準
的鹼性電池、一次性的鋰電池（用於手
錶）和可充電的鋰離子電池（用於手機和電動汽
車）

鐵

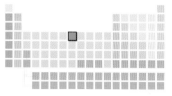

鐵礦、碳和石灰岩

26	
Fe	

原子量：55.845
顏色：銀灰
相：固體
熔點：1,538℃（2,800℉）
沸點：2,861℃（5,182℉）
晶體結構：體心立方

元素類別：過渡金屬
原子序：26

鐵是以冶煉法生產。鐵礦是一種氧化物，和碳發生反應，碳氧化變成二氧化碳，礦石則「濃縮」成純鐵。真正的冶煉反應過程包含好幾個步驟，分別發生在冶煉爐裡不同的溫度區。

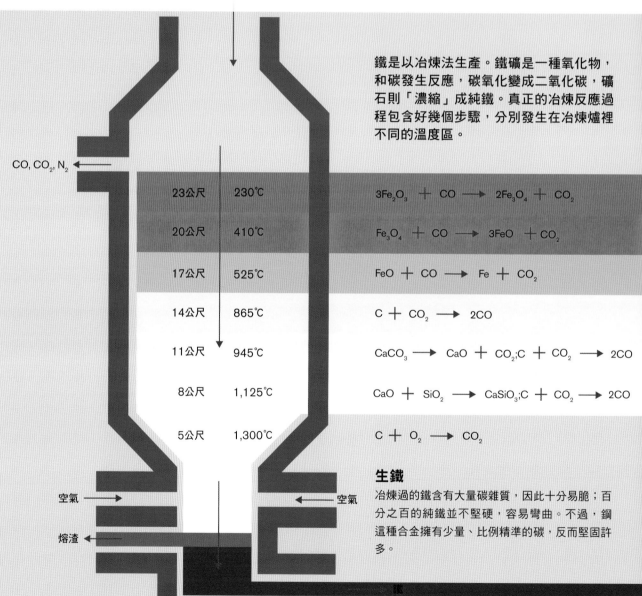

CO, CO₂, N₂ ←

23公尺	230℃	$3Fe_2O_3 + CO \longrightarrow 2Fe_3O_4 + CO_2$
20公尺	410℃	$Fe_3O_4 + CO \longrightarrow 3FeO + CO_2$
17公尺	525℃	$FeO + CO \longrightarrow Fe + CO_2$
14公尺	865℃	$C + CO_2 \longrightarrow 2CO$
11公尺	945℃	$CaCO_3 \longrightarrow CaO + CO_2; C + CO_2 \longrightarrow 2CO$
8公尺	1,125℃	$CaO + SiO_2 \longrightarrow CaSiO_3; C + CO_2 \longrightarrow 2CO$
5公尺	1,300℃	$C + O_2 \longrightarrow CO_2$

空氣 →

← 空氣

熔渣 ←

鐵

生鐵

冶煉過的鐵含有大量碳雜質，因此十分易脆；百分之百的純鐵並不堅硬，容易彎曲。不過，鋼這種合金擁有少量、比例精準的碳，反而堅固許多。

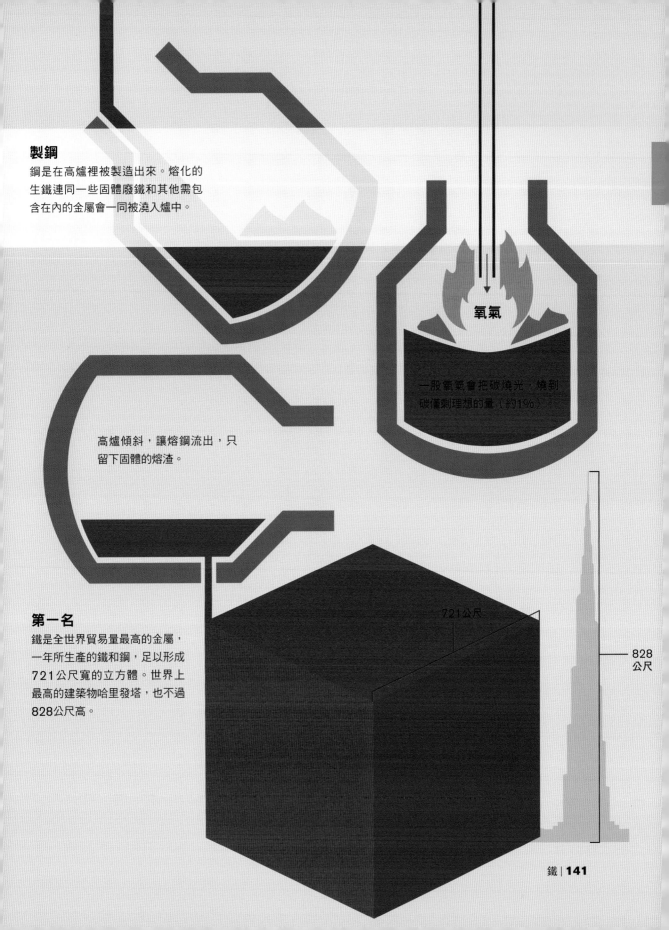

製鋼

鋼是在高爐裡被製造出來。熔化的生鐵連同一些固體廢鐵和其他需包含在內的金屬會一同被澆入爐中。

氧氣

一股氧氣會把碳燒光，燒到碳僅剩理想的量（約1%）。

高爐傾斜，讓熔鋼流出，只留下固體的熔渣。

第一名

鐵是全世界貿易量最高的金屬，一年所生產的鐵和鋼，足以形成721公尺寬的立方體。世界上最高的建築物哈里發塔，也不過828公尺高。

721公尺

828公尺

鈷

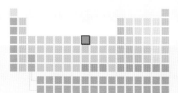

27	
Co	

原子量：58.9332
顏色：金屬灰
相：固體
熔點：1,495℃（2,723℉）
沸點：2,927℃（5,301℉）
晶體結構：六方

元素類別：過渡金屬
原子序：27

古代礦工十分畏懼鈷礦，因此以一種邪惡精靈的名字（kobolt）命名之。這些礦石看起來很像含有銀的礦物，但其實是砷化鈷，冶煉時會釋放毒氣。然而，鈷倒是被用來製作各種天然顏料，有些顏色也以此命名。

鈷綠
掺入氧化鋅或類似的白色化學物質，會呈現淡綠色。鈷雜質會賦予某些寶石綠色的色澤。

鈷藍
以鋁酸鈷製成，傳統上用於中國瓷器。

天藍
由錫酸鈷（錫酸是錫與氧的化合物）所製成，19世紀的印象派畫家最喜歡天藍和鈷藍這兩種顏色。

鈷紫
誕生於1859年，是第一種穩定的紫色顏料。鈷紫以磷酸鈷製成，是由19世紀的色彩大師路易·阿索斯·薩爾章塔（Louis Alphonse Salvétat）調製而成。

鈷黃
此顏料含有亞硝酸鈷鉀。價格高昂，只被少量使用。

鎳

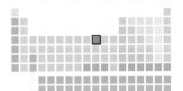

原子量：58.6934
顏色：銀白
相：固體
熔點：1,455℃（2,651℉）
沸點：2,912℃（5,274℉）
晶體結構：面心立方

元素類別：過渡金屬
原子序：28

鎳的主要用途是作為不鏽鋼和其他高科技合金的原料。在電鍍方面，鎳是能夠替代銀的廉價品，除此之外，鎳也用來製造電池、電子儀器，當然還有硬幣。

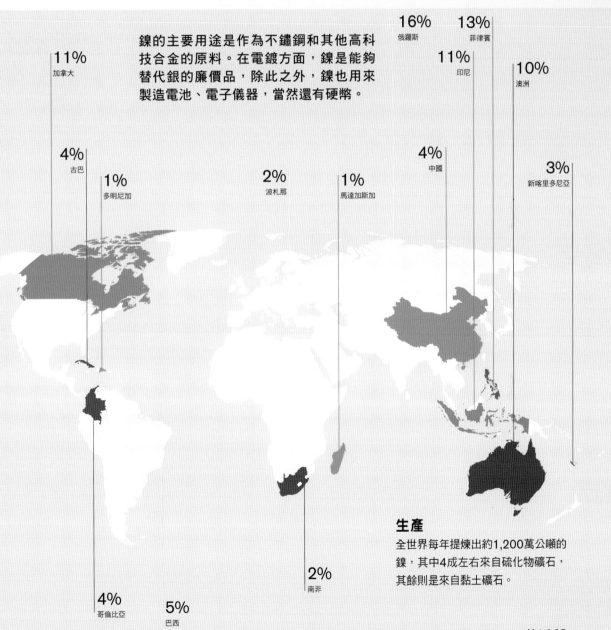

16%
俄羅斯

13%
菲律賓

11%
印尼

10%
澳洲

11%
加拿大

4%
古巴

1%
多明尼加

2%
波札那

1%
馬達加斯加

4%
中國

3%
新喀里多尼亞

2%
南非

4%
哥倫比亞

5%
巴西

生產

全世界每年提煉出約1,200萬公噸的鎳，其中4成左右來自硫化物礦石，其餘則是來自黏土礦石。

鎳 | **143**

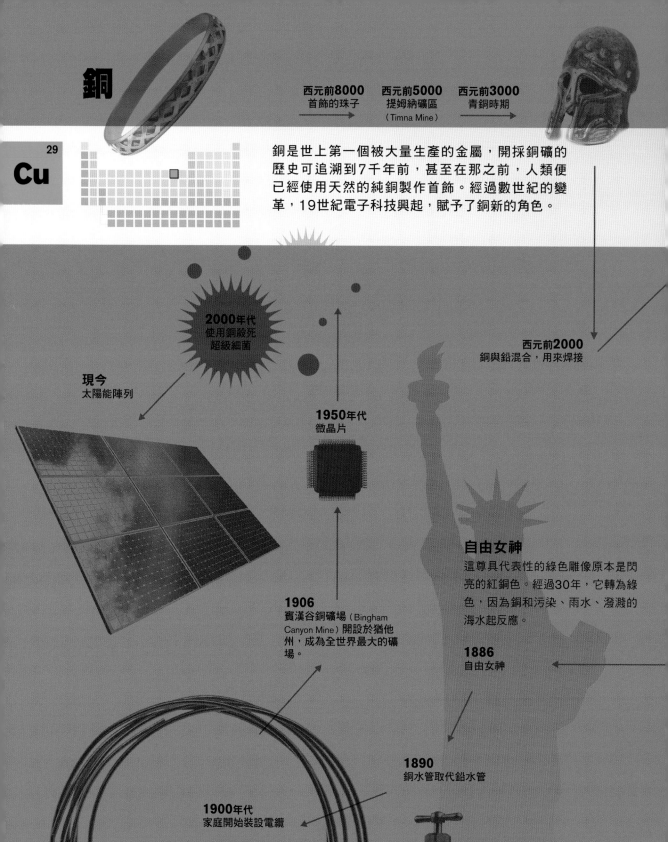

銅

Cu
29

銅是世上第一個被大量生產的金屬，開採銅礦的歷史可追溯到7千年前，甚至在那之前，人類便已經使用天然的純銅製作首飾。經過數世紀的變革，19世紀電子科技興起，賦予了銅新的角色。

西元前8000
首飾的珠子

西元前5000
提姆納礦區
（Timna Mine）

西元前3000
青銅時期

西元前2000
銅與鉛混合，用來焊接

2000年代
使用銅殺死超級細菌

現今
太陽能陣列

1950年代
微晶片

自由女神
這尊具代表性的綠色雕像原本是閃亮的紅銅色。經過30年，它轉為綠色，因為銅和污染、雨水、潑濺的海水起反應。

1886
自由女神

1906
賓漢谷銅礦場（Bingham Canyon Mine）開設於猶他州，成為全世界最大的礦場。

1890
銅水管取代鉛水管

1900年代
家庭開始裝設電纜

西元前1000
錢幣

900
法倫大銅山礦區

原子量：63.546
顏色：橘紅
相：固體
熔點：1,085℃（1,985℉）
沸點：2,562℃（4,644℉）
晶體結構：面心立方

元素類別：過渡金屬
原子序：29

銅山
位於瑞典的法倫大銅山礦區（Falun Mine）在中世紀時，是歐洲主要的銅源。此礦區從10世紀起就受到開採，持續至1992年。

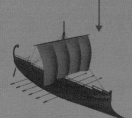

西元前480
希臘戰船配備銅製的撞角，在薩拉米斯戰役（the Battle of Salamis）擊沉波斯艦隊

1500年代
船隻加裝銅鈕，防止木頭在長途航行中被蛀船蟲蛀壞

1839
發明銀版攝影法，利用一張銅版來捕捉影像

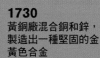

1730
黃銅廠混合銅和鋅，製造出一種堅固的金黃色合金

1830
用電磁鐵創造可控制的磁場，以銅線纏繞在鐵心周圍製成

1800年代
黃銅樂器

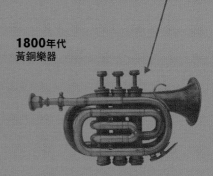

銅 | 145

鋅

原子量：65.409	元素類別：後過渡金屬
顏色：藍白	原子序：30
相：固體	
熔點：420℃（788℉）	
沸點：907℃（1,665℉）	
晶體結構：六方	

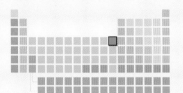

30

Zn

純鋅直到1746年才被發現，但人類使用鋅礦物其實已經長達好幾百年。例如，卡拉明洗劑（calamine lotion）這種緩和水痘發癢症狀的古老藥物，便含有氧化鋅。洗髮精也有類似的鋅化學物質，用來對抗頭皮屑。

防止腐蝕

鋅的活性比其他過渡金屬（例如鐵）還大，因此能作為防蝕系統來保護鋼。

鋼受到沖刷時會接觸到空氣和水，可能因此生鏽，不過鍍鋅的鋼表面覆上一層鋅，鋅會搶在鋼之前發生反應，用一種化合物封住刮痕，使鋼免於腐蝕。

鋅

鋼

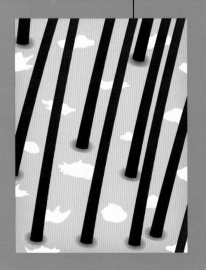

防止輻射

氧化鋅很會反射光線，因此是亮白色的。這種氧化物被用於防曬乳和太空衣，可以反射具殺傷力的輻射。

鎵

原子量：69.723	元素類別：後過渡金屬	31
顏色：銀藍	原子序：31	**Ga**
相：固體		
熔點：30℃（86℉）		
沸點：2,204℃（3,999℉）		
晶體結構：斜方		

鎵有可能是第一個以國家名稱命名
的元素。1875年，保羅・埃米爾・
勒科克（Paul Émile Lecoq）根據
法國的拉丁名字Gallia，把這種金
屬命名為gallium。不過，gallia源
自拉丁文的gallus，意思是「公
雞」，也就是法文的le coq，所
以有人認為，勒科克其實是以自
己的名字命名。

溫柔的觸摸

鎵在標準狀態下是以柔軟的固態呈
現，但是一放在手中便會融化，因
為人的體溫高於鎵的熔點。

更安全的液體

第一種能夠準確測量溫度的溫度計
是使用水銀，然而，處理水銀總是
會有風險，因此用來測量精確體溫
的醫用溫度計是使用鎵銦錫合金，
這種合金只要溫度超過-19℃就呈現
液態。

鍺

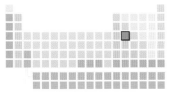

32
Ge

原子量：72.631
顏色：灰白
相：固體
熔點：938℃（1,720℉）
沸點：2,833℃（5,131℉）
晶體結構：鑽石立方

元素類別：類金屬
原子序：32

在1869年發表的元素週期表中，有一項未知的32號元素。門得列夫預測有這麼一個元素存在，列出此未知元素的特性，稱之為「擬矽」。1886年，這個元素終於被發現了，命名為鍺，其特性相當接近門得列夫的預測，科學界也總算認清元素週期表的威力。

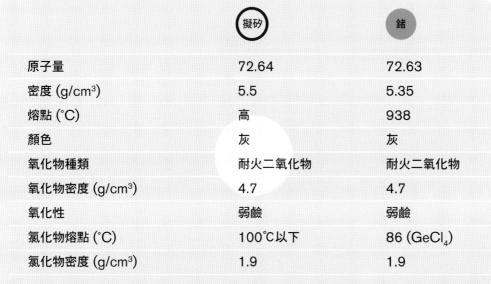

	擬矽	鍺
原子量	72.64	72.63
密度 (g/cm³)	5.5	5.35
熔點 (°C)	高	938
顏色	灰	灰
氧化物種類	耐火二氧化物	耐火二氧化物
氧化物密度 (g/cm³)	4.7	4.7
氧化性	弱鹼	弱鹼
氯化物熔點 (°C)	100°C以下	86 ($GeCl_4$)
氯化物密度 (g/cm³)	1.9	1.9

聲音和視覺

鍺是一種半導體，這項特性使它在高科技領域擁有許多用途。用來燒錄可重寫光碟的雷射，就使用了鍺；夜視鏡則使用鍺將紅外線轉成可見的影像；光纖也摻有氧化鍺，有助雷射訊號在光纖內反射。

砷

原子量：74.92160
顏色：灰
相：固體
熔點：無
昇華點：614℃（1,137℉）
晶體結構：三方

元素類別：類金屬
原子序：33

33
As

砷礦石往往令人印象深刻，帶有金屬光輝或明亮色澤，因此從前常被用作顏料，特別是金色的塗料。然而，純砷及其氧化物是有毒的，很久以前便被用來緩慢但確實地毒死他人，而且被當成毒藥的歷史相當悠久。砷礦有一種大蒜味，所以至少能為最後的晚餐增添一些風味！

拿破崙

拿破崙在1821年死後，頭髮驗出大量的砷。他是遭人下毒，抑或是奢華的綠色壁紙釋出致命的砷氣？

致命糖

1858年，在英國的布拉福地區，市場攤販所售的甜食受到砷污染，導致兩百人生病、21人死亡。

瑪莉・安・柯頓

這位連續殺人犯來自英國桑德蘭，從1852到1873年間，她用砷殺害了4任丈夫、13個親生子女，以及兩名愛人。

死亡的敬酒

在15和16世紀，南歐大多數地區由波吉亞家族統治，他們時常藉由奉上砷毒酒來擺脫敵人。

痛失皇帝

在1908年，中國的光緒皇帝死於腹痛，臉色發青，這些徵象顯示他是砷中毒，很可能是被腐敗的僕人（大多是宦官）所害。其姪溥儀成為中國最後一任皇帝。

瘋狂皇帝

西元55年，尼祿用砷賜死弟弟不列塔尼庫斯，除掉尼祿登基為帝的阻礙。

硒

硒（selenium）是以希臘的月亮女神塞勒涅（Selene）命名。

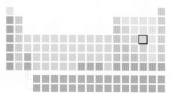

34
Se

原子量：78.96
顏色：金屬灰
相：固體
熔點：221℃（430℉）
沸點：685℃（1,265℉）
晶體結構：六方

元素類別：非金屬
原子序：34

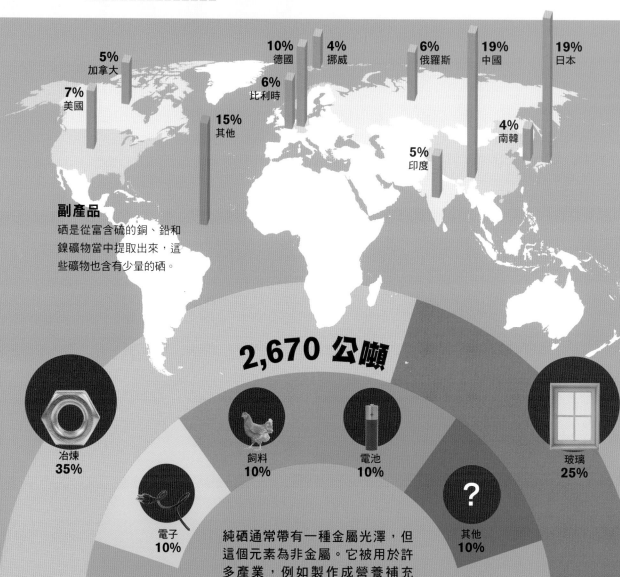

7%
美國

5%
加拿大

10%
德國

6%
比利時

4%
挪威

6%
俄羅斯

19%
中國

19%
日本

15%
其他

5%
印度

4%
南韓

副產品
硒是從富含硫的銅、鉛和鎳礦物當中提取出來，這些礦物也含有少量的硒。

2,670 公噸

冶煉
35%

電子
10%

飼料
10%

電池
10%

其他
10%

玻璃
25%

純硒通常帶有一種金屬光澤，但這個元素為非金屬。它被用於許多產業，例如製作成營養補充品。還有，動物的飲食需要含有少量的硒，才能維持健康。

溴

溴是非金屬元素中唯一的液體。以下的圖表把溴和水這個我們較為熟悉的液體放在一起比較。

原子量：79.904	元素類別：鹵素	35
顏色：深紅	原子序：35	**Br**
相：液體		
熔點：-7℃（19℉）		
沸點：59℃（138℉）		
晶體結構：斜方		

橘色的氣體

溴沸騰的溫度比水低，沸騰時會形成一種很嗆的蒸汽。此氣體的燒焦味使這個元素有了溴（bromine）這個名字，意思是「惡臭」。

水　　溴

| 100℃ | 59℃ |

棕色的液體

溴能夠和水混合，互相溶解，但溴的密度大得多，因此會沉到容器底部。

水

溴

黏性
溴和水的黏性差不多，因此流動和噴灑的方式相仿。

| 0.9 | 0.95 |

密度

| 1 | 3.11 |

黃色的固體

溴和水結凍的溫度差不多。

水

溴

| 0℃ | -7℃ |

10,600 —

再處理
1949至今

10,580 —

氪

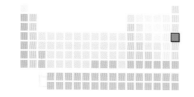

36	
Kr	

原子量：83.798
顏色：無色
相：氣體
熔點：-157℃（-251℉）
沸點：-153℃（-244℉）
晶體結構：無

元素類別：鈍氣
原子序：36

180 —

武器測試
1949至今

160 —

天然的氪在空氣中非常稀少。然而，核分裂時會產生同位素氪-85，因此氪-85能夠用來檢驗核能活動，氪-85的濃度採樣則是可以了解武器測試、核能意外，以及核廢料處理的影響。

46%

140 —

120 —

100 —

釋放閃電

核能廠把氪-85釋放到上空，改變了空氣的導電性，導致鄰近地區的雷擊次數大幅增加。

80 —

福島
2011

60 —

車諾比
1986

三哩島
1979

40 —

20 —

0 —

拍貝克

銣

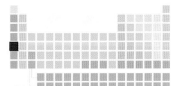

原子量：85.4678
顏色：銀白
相：固體
熔點：39℃（102℉）
沸點：688℃（1,270℉）
晶體結構：體心立方

元素類別：鹼金屬
原子序：37

在1995年，銣被製成為全宇宙最冰冷的東西：冷卻到0.001K（-273.14℃），只比絕對零度高一點點，又比外太空還低幾度。在這麼低的溫度下，銣原子拋棄個別的身分，融合成玻色－愛因斯坦凝態，在這個狀態，原子將會消失。早在1924年，科學家已經預測到這個現象，但是科技花了一些時間才跟上。

雷射冷卻

先以超強冰箱冷卻銣，再使用雷射讓溫度降得更低。原子會吸收雷射光，如果雷射光的角度調得剛好，便能減緩原子移動的速度，讓銣氣的原子一顆接一顆變得更冷。

磁場陷阱

把氣體放在一個磁場形成的「碗」裡。較溫暖的銣原子移動的速度夠快，可以逃到碗外。漸漸地，碗會縮小，只在底部留下最冷的原子。這些原子會變成僅由數百顆原子組成的凝態。

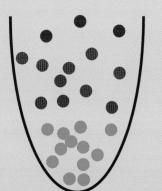 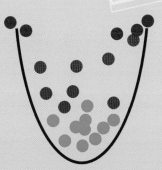 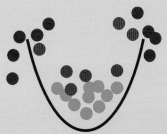 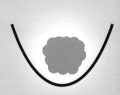

鍶

38	
Sr	

原子量：87.62
顏色：銀灰
相：固體
熔點：777℃（1,431℉）
沸點：1,382℃（2,520℉）
晶體結構：面心立方

元素類別：鹼土金屬
原子序：38

鍶大多產自中國、墨西哥、西班牙和阿根廷。20世紀晚期，有四分之三的產量用於電視螢幕，在老式電視機中的陰極射線管塗上鍶，可以防止X射線釋出。現在的電視是液晶螢幕，因此不需要鍶，導致產量自2005年起大幅下降。目前，鍶較常用於鑽井泥漿，是一種用來阻止氣體從油井爆出的泥漿。

陰極射線電視

其他用途

鍶化物是訊號彈紅色煙霧的來源；鍶能強化磁鐵，也是敏感性牙膏的活性成分。此外，藍色顏料通常含有鍶；鍶也用在玻璃製造、合金與鋅的提煉。

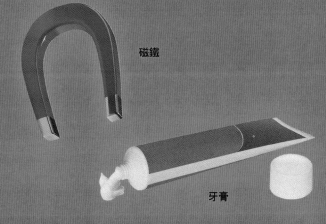
鑽井泥漿

顏料

磁鐵

信號彈

玻璃

鋅　合金

牙膏

550,000

500,000

400,000

350,000

300,000

250,000

200,000

150,000

100,000

0

1995　　2000　　2005　　2010　　2015

釔

原子量：88.90585
顏色：銀白
相：固體
熔點：1,526℃（2,779℉）
沸點：3,336℃（6,037℉）
晶體結構：六方

元素類別：過渡金屬
原子序：39

39

Y

釔和鋁石榴石會共同形成結晶，製造出釔鋁石榴石，這是雷射的主要來源。釔鋁石榴石雷射可用於眼部手術、刺青移除、測距儀和焊接。

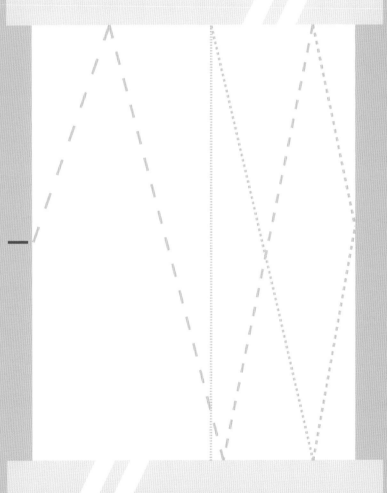

光線

增強光線

釔鋁石榴石晶體為雷射的增益介質。光線照進晶體後，光能激發原子，使其釋出更多特定波長（亦即顏色）的光線。晶體的每一面都有鏡子，因此光就在裡面彈來彈去，而這又讓原子產生更多光線。增強的光線接著經由其中一面鏡子的洞，以脈波（或稱光束）的形式釋出。

雷射

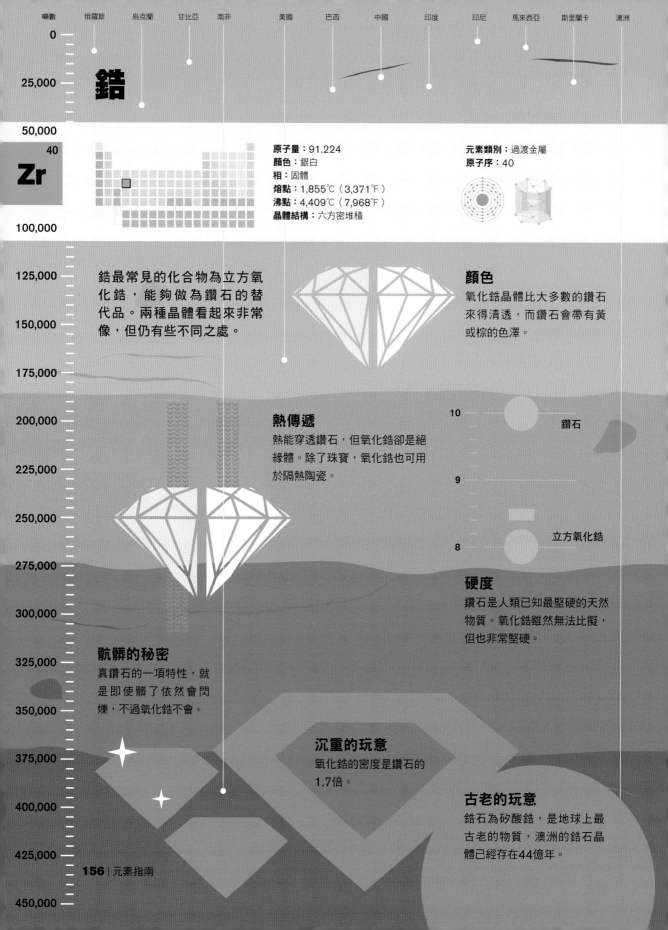

0
25,000
50,000
100,000
125,000
150,000
175,000
200,000
225,000
250,000
275,000
300,000
325,000
350,000
375,000
400,000
425,000
450,000

40
Zr

鋯

原子量：91.224
顏色：銀白
相：固體
熔點：1,855℃（3,371℉）
沸點：4,409℃（7,968℉）
晶體結構：六方密堆積

元素類別：過渡金屬
原子序：40

鋯最常見的化合物為立方氧化鋯，能夠做為鑽石的替代品。兩種晶體看起來非常像，但仍有些不同之處。

顏色
氧化鋯晶體比大多數的鑽石來得清透，而鑽石會帶有黃或棕的色澤。

熱傳遞
熱能穿透鑽石，但氧化鋯卻是絕緣體。除了珠寶，氧化鋯也可用於隔熱陶瓷。

10

9

8

鑽石

立方氧化鋯

硬度
鑽石是人類已知最堅硬的天然物質。氧化鋯雖然無法比擬，但也非常堅硬。

骯髒的秘密
真鑽石的一項特性，就是即使髒了依然會閃爍，不過氧化鋯不會。

沉重的玩意
氧化鋯的密度是鑽石的1.7倍。

古老的玩意
鋯石為矽酸鋯，是地球上最古老的物質，澳洲的鋯石晶體已經存在44億年。

鈮

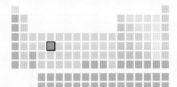

原子量：92.90638
顏色：金屬灰
相：固體
熔點：2,477℃（4,491℉）
沸點：4,744℃（8,571℉）
晶體結構：體心立方

元素類別：過渡金屬
原子序：41

大型強子對撞機
周長27公里

1,200公噸

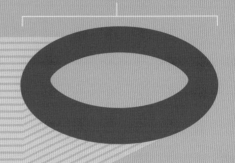

鈮是地殼當中第34多的元素，但是分布廣泛，因此沒有主要的礦藏。鈮在電子產業有一些很重要的用途，特別是電容器。每一支智慧型手機都含有少量的鈮。近年來，鈮的產量翻倍，可是一年還是很少超過5萬噸。

超導體

鈮最常用來製造超導合金電線，這些電線用於粒子加速器，提供電磁鐵能量，控制粒子光束的移動，歐洲核子研究組織的大型強子對撞機便是一例。目前正在法國興建的國際熱核融合實驗反應爐，將會把史上最大量的鈮集中在同一處。

兆電子伏特加速器
周長6.8公里

17公噸

國際熱核融合實驗反應爐
周長0.09公里

850公噸

鉬

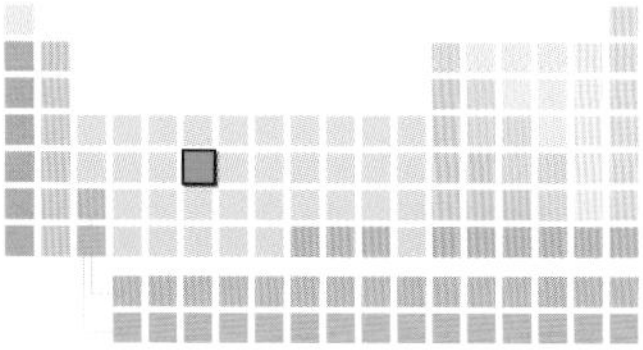

原子量：95.94
顏色：銀白
相：固體
熔點：2,623℃（4,753℉）
沸點：4,639℃（8,382℉）
晶體結構：體心立方

元素類別：過渡金屬
原子序：42

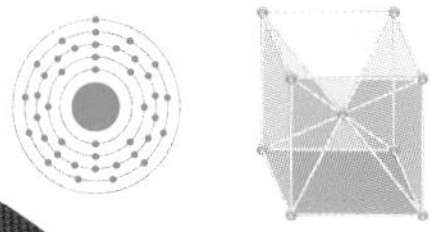

8%
程序工業

7%
其他運輸

6%
營建

7%
其他（包括食物）

3%
航太與國防

2%
電子與醫藥

8%
產能

12%
機械工程

14%
汽車

人體
人體需要少量的鉬，但它非常重要。種籽、麵包和豆類皆含有鉬。

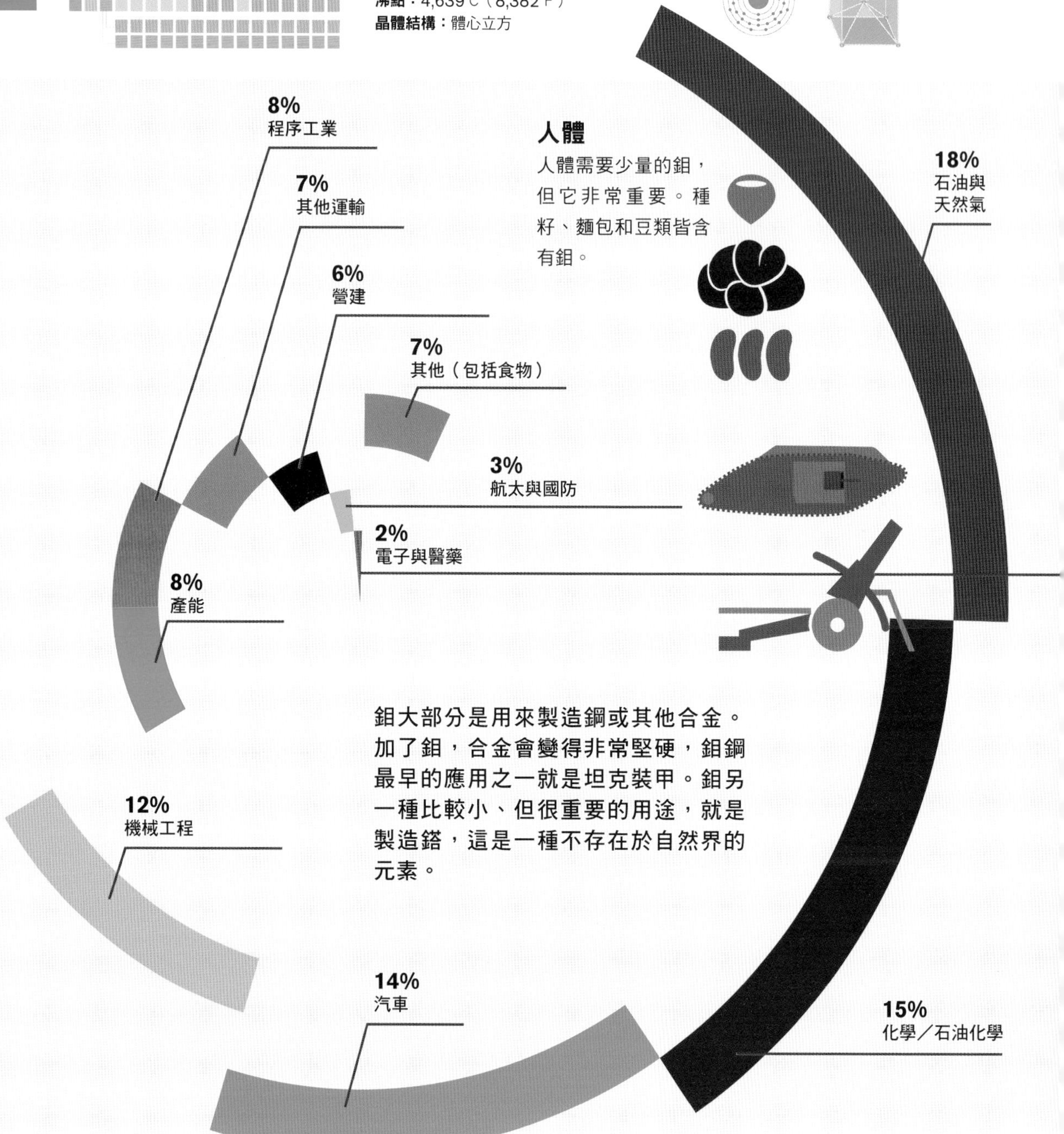

18%
石油與
天然氣

15%
化學／石油化學

鉬大部分是用來製造鋼或其他合金。加了鉬，合金會變得非常堅硬，鉬鋼最早的應用之一就是坦克裝甲。鉬另一種比較小、但很重要的用途，就是製造鎝，這是一種不存在於自然界的元素。

鎝

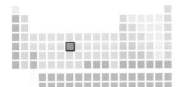

原子量：98
顏色：銀灰
相：固體
熔點：2,157℃（3,915℉）
沸點：4,265℃（7,709℉）
晶體結構：六方

元素類別：過渡金屬
原子序：43

大腦

心跳

淋巴結

鎝的放射性極強，所以地
球上沒有任何鎝原子殘
留，早在地球生成之後的
數百萬年間，鎝就全都衰
變了。然而，鎝可以人工
製造，用來做為醫學掃描
的標記物。

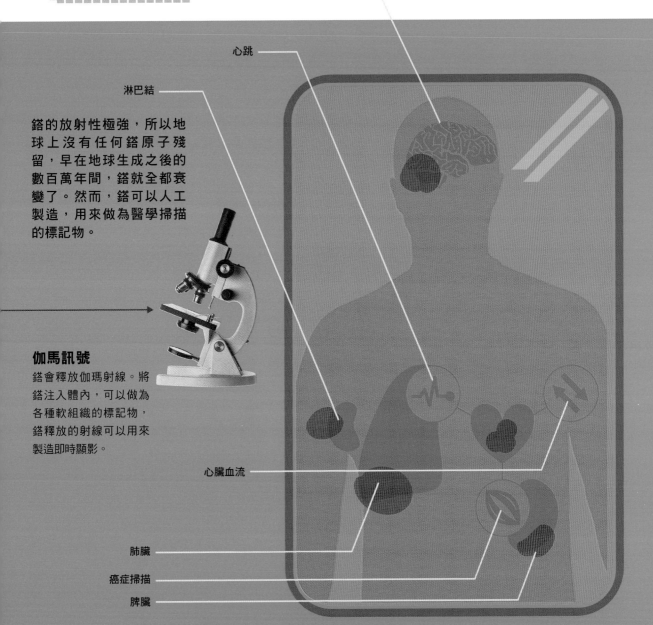

伽馬訊號

鎝會釋放伽瑪射線。將
鎝注入體內，可以做為
各種軟組織的標記物，
鎝釋放的射線可以用來
製造即時顯影。

心臟血流

肺臟

癌症掃描

脾臟

釕

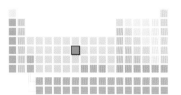

原子量：101.07
顏色：銀白
相：固體
熔點：2,334℃（4,233℉）
沸點：4,150℃（7,502℉）
晶體結構：六方

元素類別：過渡金屬
原子序：44

釕是一種非常稀有的金屬，高科技的合金中會微量使用，但主要用途是催化劑。釕促成的其中一種反應為費托合成，這個過程將煤炭和天然氣轉為液態的碳氫燃料。

原料（天然氣／煤炭）

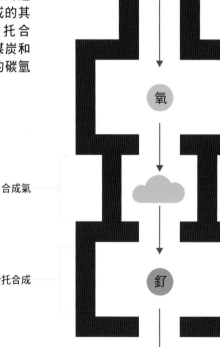

氧

合成氣

費托合成

釕

成品（大部分為燃料）

移作他用的資源

在無法取得石油的地區，會透過費托合成，將煤炭和天然氣裡的碳化物轉成有用的液態碳氫化合物。

合成氣

釕原料能以控制的方式和氧氣起反應，製造出合成氣，這是一種混合氫氣和一氧化碳的可燃氣體。

釕登場

包含釕在內的數種催化劑，能將一氧化碳和氫氣結合成長鏈的碳氫化合物（例如辛烷），這些碳氫化合物是可燃液體，能夠提供車輛燃料，或是用作藥物和其他化學物質的原料。

銠

original:**原子量**：102.90550
顏色：銀白
相：固體
熔點：1,964℃（3,567℉）
沸點：3,695℃（6,683℉）
晶體結構：面心立方

元素類別：過渡金屬
原子序：45

45
Rh

銠是地球岩層裡第二稀少的元素——這裡指的是能被開採提煉的元素。在每10億顆組成地殼的原子當中，銠原子僅占不到3顆。即使如此，大部分的人都擁有一點點銠，因為每輛汽車的觸媒轉化器中，都有微量的銠在發揮作用。

還原觸媒

觸媒轉化器能將汽車排氣管內最毒、最易造成污染的氣體，變成較不具有殺傷力的氣體。銠負責還原一氧化氮，讓排氣管內的一氧化氮和一氧化碳發生反應，製出氮氣和二氧化碳。鈀觸媒做的恰恰相反：氧化未燃燒的碳氫化合物，使其變成水和二氧化碳。

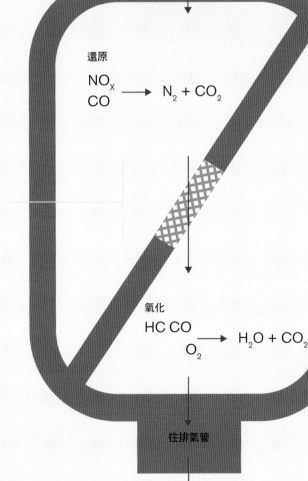

來自引擎

還原
NO_x
CO $\longrightarrow$ $N_2 + CO_2$

銠

氧化
$HC\ CO$
O_2 $\longrightarrow$ $H_2O + CO_2$

往排氣管

H_2O N_2 CO_2 O_2

鈀

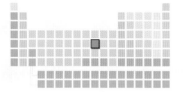

46	
Pd	

原子量：106.42
顏色：銀白
相：固體
熔點：1,555℃（2,831℉）
沸點：2,963℃（5,365℉）
晶體結構：面心立方
元素類別：過渡金屬

原子序：46

一顆石頭當中，每10億顆原子就有：

鈀是第四種貴金屬，也是最不為人知的一種，另外三種貴金屬分別是金、鉑和銀。

銀
70顆

鉑
30顆

金
11顆

鈀
6顆

太珍貴了

鈀是最稀有的貴金屬，稀有到無法大量使用於首飾。但它能和黃金混合，形成最高級的白金。

以在地殼當中的含量排序：　　74th　　　　　72nd　　　　　71st

銀

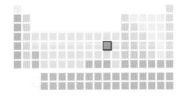

原子量：107.8682
顏色：金屬亮白
相：固體
熔點：962℃（1,764℉）
沸點：2,162℃（3,924℉）
晶體結構：面心立方

元素類別：過渡金屬
原子序：47

47

Ag

人類使用銀的歷史至少已有5千年之久。在富含礦物的水涓滴流穿石頭之處，會形成自然銀（天然的純銀）。在貴金屬當中，銀的活性最大。銀對光線敏感的特性，對攝影技術的發展十分重要。

捕捉影像
光線擊中一粒溴化銀。

光能將一些溴化銀轉變成個別的銀和溴原子。

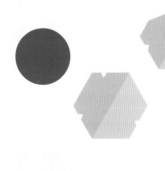

顯影劑將溴化銀還原成銀和溴（僅限於已有銀原子存在的溴化銀顆粒）。

洗去未曝光的溴化銀顆粒，一塊塊的純銀創造山負片，高曝光的地方會呈現黑色。

65th

鎘

48
Cd

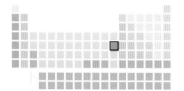

原子量：112.411
顏色：銀藍
相：固體
熔點：321℃（610℉）
沸點：767℃（1,413℉）
晶體結構：六方

元素類別：後過渡金屬
原子序：48

埃格斯特朗

鎘是一種毒性很高又柔軟的金屬，長期暴露會導致關節敏感疼痛，這種情形稱作「痛痛病」。鎘的毒性尚未被察覺前，硫化鎘曾被用來製作黃色顏料，梵谷、馬諦斯和莫內都很喜歡使用。然而，如今我們運用的是鎘釋放紅光的能力，這種光的波長被用來定義一種微小的單位：埃格斯特朗（ångström，縮寫為Å）。

小而有用

光和其他射線的波長，通常差距相當的微小。1868年，有人提議使用新單位來測量波長，埃格斯特朗於是誕生，相當於1公尺的百億分之一。但是，該如何測量這麼短的距離？1907年，科學家確立了在鎘所釋放的光譜當中，紅光剛剛好是6438.46963Å。之所以選擇鎘，是因為它的線很容易判別，這便成為測量所有波長的基準點。

波長

人眼能將光線的波長顯示為色彩，眼睛可以偵測4千Å（藍色）到7千Å（紅色）之間的光線。X射線攜帶的能量大得多，波長約為1Å。

銦

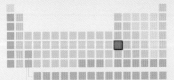

原子量：114.818
顏色：銀灰
相：固體
熔點：157℃（314℉）
沸點：2,072℃（3,762℉）
晶體結構：四方

元素類別：後過渡金屬
原子序：49

49
In

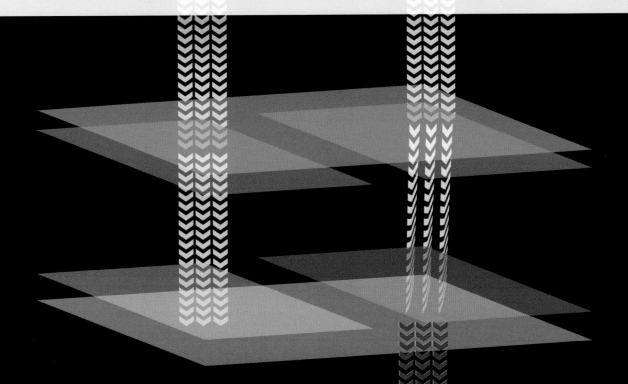

銦用於舊式電視機的螢幕，需求曾經很高，不過時至今日，銦才是螢幕普遍使用的成分。氧化銦錫是將電流攜帶至像素的導體，創造出液晶螢幕上的彩色點點。之所以選擇氧化銦錫，是因為它能做成很薄的薄層，令光線直接穿透。

銦（indium）這個名字取自「靛」（indigo）這個顏色，這是一種源自印度的紫色染料。銦通電時，會產生一條很清晰的紫線。

錫

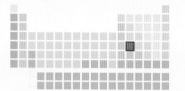

原子量：118.710
顏色：銀白
相：固體
熔點：232℃（449℉）
沸點：2,602℃（4,716℉）
晶體結構：四方

元素類別：後過渡金屬
原子序：50

50

是個神奇的數字

錫的原子核有50顆質子，每顆質子相互銜接成25對，穩定性極高，因此在所有元素中，錫的穩定同位素數量最多。只要是同一個元素的同位素，質子數量都會相同，但中子數量不同。所有的元素都有一組同位素，大部分都是放射性高、短壽。然而，錫擁有10個穩定的同位素，中子數從62到74不等。

蘊藏量

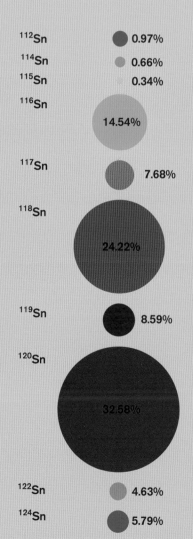

¹¹²Sn 0.97%
¹¹⁴Sn 0.66%
¹¹⁵Sn 0.34%
¹¹⁶Sn 14.54%
¹¹⁷Sn 7.68%
¹¹⁸Sn 24.22%
¹¹⁹Sn 8.59%
¹²⁰Sn 32.58%
¹²²Sn 4.63%
¹²⁴Sn 5.79%

銻

原子量：121.760	元素類別：類金屬
顏色：銀灰	原子序：51
相：固體	
熔點：631℃（1,168℉）	
沸點：1,587℃（2,889℉）	
晶體結構：三方	

51
Sb

這種銀色類金屬的礦物歷史悠久。輝銻礦是種硫化物，古埃及人用來做為眼部化妝品。現今，輝銻礦是主要的銻礦，然而，現在已證實全球蘊藏量正在逐漸減少。

世界總存量：
1,987,000
公噸

世界年產量：
180,000
公噸

銻能加強汽車電池中鉛電極的效能，也能清除超高規格玻璃的氣泡。三氧化二銻則是一種阻燃劑。

公噸
1,000,000
950,000
900,000
850,000
800,000
750,000
700,000
650,000
600,000
550,000
500,000
450,000
400,000
350,000
300,000
250,000
200,000
150,000
100,000
50,000
0

中國
（47.81%）

俄羅斯
（17.61%）

玻利維亞
（15.6%）

澳洲
（7.05%）

其他國家
（5.03%）

美國
3.02%）

塔吉克
（2.52%）

南非
（1.36%）

只剩
11
年？

碲

52	
Te	

原子量：127.60
顏色：銀白
相：固體
熔點：449℃（841℉）
沸點：988℃（1,810℉）
晶體結構：六方

元素類別：類金屬
原子序：52

碲和光有著十分有趣的緣分。首先，碲能產生許多陶釉效果；其次，數位相機用來捕捉影像的感光耦合元件，也含有這種半金屬；再來，碲化鎘能用來製造太陽能板，相較於矽太陽能板便宜許多（只是效率也較低）。

愚蠢的採金人

在1893年的卡爾古利（Kalgoorlie）淘金潮期間，礦工以為一種稱為calaverite的閃亮暗色金屬是愚人金，所以將之捨棄，還把它當成通往礦藏的道路鋪設材料。1896年，人們發現calaverite其實是碲化金，礦工又趕緊回去挖路。

碘

原子量：126.90447
顏色：黑
相：固體
熔點：114℃（237℉）
沸點：184℃（364℉）
晶體結構：斜方

元素類別：鹵素
原子序：53

53

I

甲狀腺

碘是飲食中的必需成分。在世界上的許多地方，土壤中的天然碘不足，因此碘被做為普遍的補充品加在鹽巴裡。人類幼年時期若碘攝取不足，會導致腦部發展產生問題；長大後，則可能導致甲狀腺腫，也就是甲狀腺增大所引起的喉嚨腫脹。

■ ＝有害健康的風險
■ ＝碘引發之甲狀腺機能亢進的風險
■ ＝理想的碘營養
□ ＝輕度碘缺乏
■ ＝中度碘缺乏

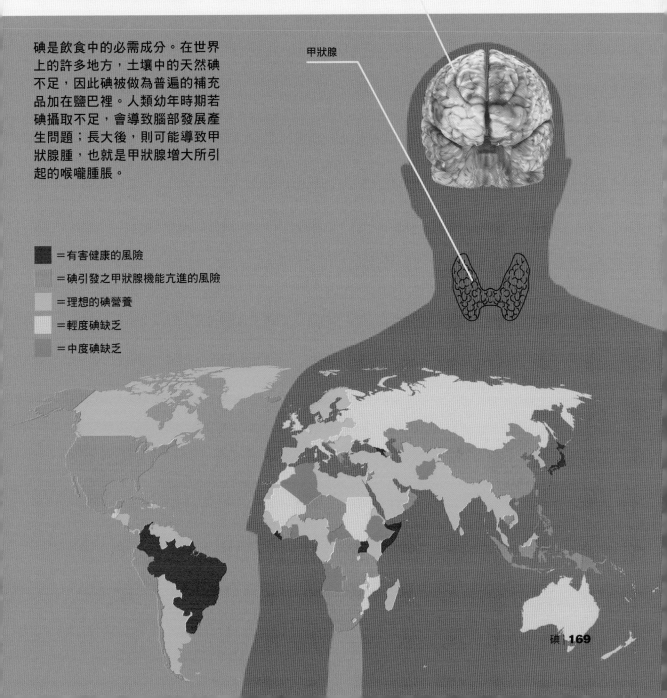

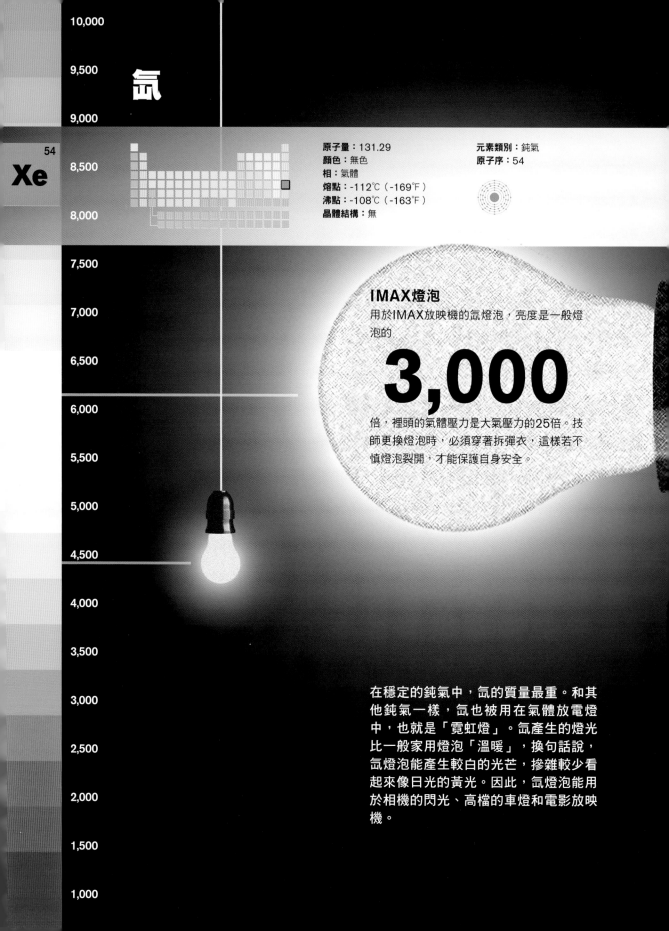

氙

54
Xe

原子量：131.29 元素類別：鈍氣
顏色：無色 原子序：54
相：氣體
熔點：-112℃（-169℉）
沸點：-108℃（-163℉）
晶體結構：無

10,000
9,500
9,000
8,500
8,000
7,500
7,000
6,500
6,000
5,500
5,000
4,500
4,000
3,500
3,000
2,500
2,000
1,500
1,000

IMAX燈泡

用於IMAX放映機的氙燈泡，亮度是一般燈泡的

3,000

倍，裡頭的氣體壓力是大氣壓力的25倍。技師更換燈泡時，必須穿著拆彈衣，這樣若不慎燈泡裂開，才能保護自身安全。

在穩定的鈍氣中，氙的質量最重。和其他鈍氣一樣，氙也被用在氣體放電燈中，也就是「霓虹燈」。氙產生的燈光比一般家用燈泡「溫暖」，換句話說，氙燈泡能產生較白的光芒，摻雜較少看起來像日光的黃光。因此，氙燈泡能用於相機的閃光、高檔的車燈和電影放映機。

銫

原子量：132.90545
顏色：銀金
相：固體
熔點：28℃（83℉）
沸點：671℃（1,240℉）
晶體結構：體心立方

元素類別：鹼金屬
原子序：55

55
Cs

1.烤爐將銫加熱，創造離子流。

原子鐘使用銫計時，精確度可達1秒的兆分之一。銫鐘每3百年誤差一秒，這種時鐘為全世界的標準時間計時，並被裝在導航衛星上，精確標出地球上的位置。

2.離子不是處於低能狀態，便是處於高能狀態。

磁鐵

4.室內，微波使離子轉變為較高能的狀態。

6.振盪器因為電脈衝的緣故，有節奏地振動，計算時間。箱室內的微波量和此振盪有關。

3.磁場只會偏斜低能的離子，使其進入一個箱室。

微波

石英振盪器控制波長

磁鐵

5.偵測器計算出現的離子數目，傳送訊號到石英振盪器。

偵測器

反饋到振盪器

離子的產生與反饋迴路裡的振盪有關。如果振盪變慢，微波就會變少，也就只會偵測到比較少的高能銫離子，然後電脈衝會重新啟動石英振盪器，使偵測器的離子數量增加。這種反饋系統能夠確保振盪器永遠以正確的速率振動。

鋇

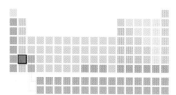

56
Ba

原子量：137.327
顏色：銀灰
相：固體
熔點：729℃（1,344℉）
沸點：1,897℃（3,447℉）
晶體結構：體心立方

元素類別：鹼土金屬
原子序：56

鋇這個名字源於希臘文，意思是「重的」。鋇的岩石化合物密度很高，異常沉重。最常被使用的鋇化合物是硫酸鋇，在自然狀態稱作重晶石，用於密度高的鑽井液中以及胃部X射線的顯影劑。純鋇是一種活性金屬，少量應用於高溫真空管，由於漂浮的氧分子會攻擊零件，因此用鋇在氧分子做出任何損害前「抓住」它們。

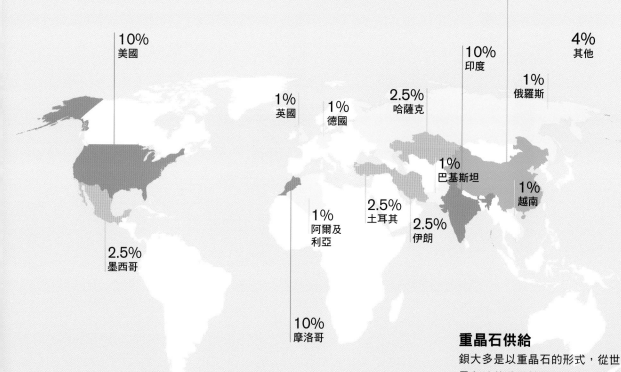

50%
中國

10%
美國

10%
印度

4%
其他

1%
英國

1%
德國

2.5%
哈薩克

1%
俄羅斯

1%
巴基斯坦

1%
越南

1%
阿爾及利亞

2.5%
土耳其

2.5%
伊朗

2.5%
墨西哥

10%
摩洛哥

重晶石供給

鋇大多是以重晶石的形式，從世界各地的礦區被開採出來。而像毒重石這種碳酸鋇礦物，則用量較少。

鑭

原子量：138.90547
顏色：銀白
相：固體
熔點：920℃（1,688℉）
沸點：3,464℃（6,267℉）
晶體結構：六方

元素類別：鑭系元素
原子序：57

鑭雖然很難開採，不過是一種相對常見的重金屬，經過一系列強力的置換反應，每年約能從稀少的鑭礦中提煉出7萬噸。鑭在各種智能材料的應用越來越多，這些材料是各種特性非常特定的新物質，會以相當明確的方式，隨著外在條件（如溫度或電荷）而改變。這種金屬也有一些比較一般的用途，像是電池、玻璃製造和照明。

氫氣海綿

鑭合金可做成氫氣海綿。氫氣會被吸入合金的微小空間，合金能夠塞進大量的氫氣，比自身體積多出4百倍。這種海綿會被運用來貯存氫氣（作為燃料之用）。

高檔鏡頭

鏡頭玻璃裡的鑭能夠減少影像的像差，所有的光線都會聚焦在同一個點，而不是微微分散。

製造火花

所有提煉出的鑭之中，約有四分之一用於製造替打火機提供火花的打火石。

氫

發光燈罩

煤氣燈的燈罩含有氧化鑭，能將燃燒煤氣的熱轉換成明亮的白光。

鈰

58	
Ce	

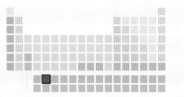

原子量：140.116
顏色：鐵灰
相：固體
熔點：795℃（1,463℉）
沸點：3,443℃（6,229℉）
晶體結構：面心立方

元素類別：鑭系元素
原子序：58

鈰為鑭系元素中最常見的成員，也是最常應用在科技領域的。
鈰和許多鑭系元素一樣，用於磁鐵和玻璃，也可做為催化劑。

混合汽車

鈰是現代車輛的重要材料，從燃料到儀表板的觸控螢幕，都能找到鈰。

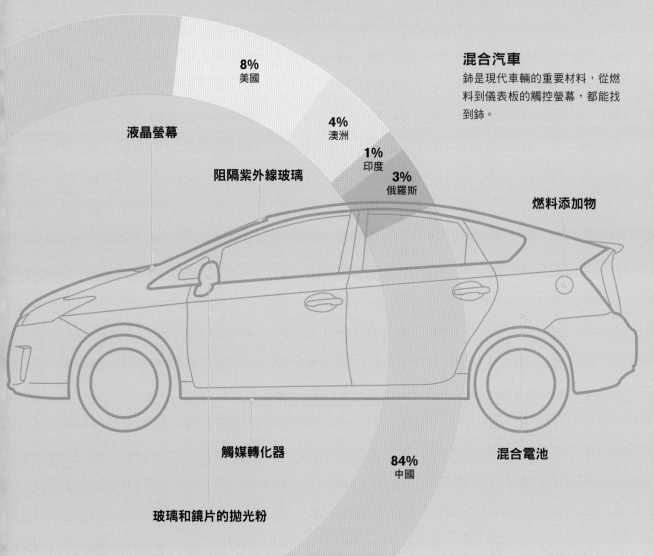

8%
美國

4%
澳洲

1%
印度

3%
俄羅斯

84%
中國

液晶螢幕

阻隔紫外線玻璃

燃料添加物

觸媒轉化器

混合電池

玻璃和鏡片的拋光粉

鐠

原子量：140.90765
顏色：銀灰
相：固體
熔點：935℃（1,715℉）
沸點：3,520℃（6,368℉）
晶體結構：六方

元素類別：鑭系元素
原子序：59

59
Pr

鐠這個名字原意是「綠色孿生」，因為這種金屬若暴露在空氣中，會形成一種易碎的綠色氧化物。鐠的許多用途都和顏色或光有關。

變慢的光

矽酸鹽晶體若摻有鐠，會對穿透其中的光造成顯著影響，光束的速度將從1秒3億公尺左右降到1秒不到1千公尺。人們認為，這種減緩光速的科技可用於更快、更有效率的網路交換器，增加通訊的精準度。

染色劑

鐠可以創造出焊工護目鏡和面罩鏡片的深色色澤，藉此過濾傷害眼睛的強光。能讓人在昏暗光線看得更清楚的黃色鏡片，裡面也含有鐠。鐠會賦予人造珠寶一種綠色，仿造出天然的貴橄欖石。

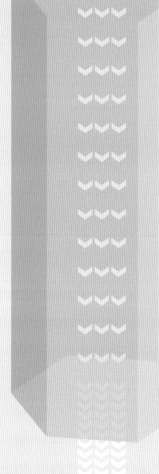

釹

Nd 60	

原子量：144.242
顏色：銀白
相：固體
熔點：1,024℃（1,875℉）
沸點：3,074℃（5,565℉）
晶體結構：六方

元素類別：鑭系元素
原子序：60

釹和鐵、硼合金，可製造出
釹鐵硼磁鐵，從它的大小與拉
力來看，這是已知最強大的磁鐵，
一塊釹鐵硼磁鐵可提起相當於

自身重量
1,000倍的東西。

轉吧
尺寸大一點的釹鐵硼磁鐵可讓電動
馬達產生極大的扭矩，所以電動汽
車才有辦法那麼快加速。

小而有力
由於釹鐵硼磁鐵有強大磁力，這種磁
鐵被用於縮小許多電磁科技產品的體
積，如麥克風、吉他拾音器和其他音
響裝置。電腦硬碟使用釹鐵硼磁鐵來
讀、寫、刪掉數據，使資料變成磁性
代碼。

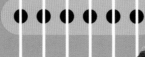

鉅

原子量：145
顏色：銀
相：固體
熔點：1,042℃（1,908℉）
沸點：3,000℃（5,432℉）
晶體結構：六方

元素類別：鑭系元素
原子序：61

鉅的放射性實在太高，存在於地球上的量不夠多，難以發揮實質用途。大自然中唯一能偵測到此元素的地方，是超新星的火球，這些星星爆炸的能量，是重元素新的供給源。

126鉅　0.5秒

145鉅

17.7年

11×雷根糖
9×迴紋針
7×撲克牌卡
5×一美分硬幣
1×四號電池
3×骰子

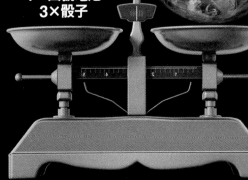

快速衰變

鉅有38個同位素，但全都不穩定，大部分的半衰期只有幾分鐘或幾天。鉅-126是最不穩定的，維持最久的則是鉅-145。

理論質量

地球上的自然輻射活動一天到晚都在形成鉅，但這些鉅很快就衰變為其他元素。化學家計算過，地球在任何時刻都含有12公克的鉅，相當於右邊這些：

釤

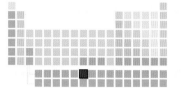

原子量：150.36
顏色：銀白
相：固體
熔點：1,072℃（1,962℉）
沸點：1,794℃（3,261℉）
晶體結構：菱面體

元素類別：鑭系元素
原子序：62

釤和鈷可結合在一起製造出磁鐵，其磁性比等重的鐵製磁鐵大上1萬倍。雖然這種磁鐵的拉力不及釹磁鐵，不過釤磁鐵在高溫下更能保持磁性，因此被使用於能量較密集的產業中。

毋須燃料

在2016年7月，一架單人座的飛機「陽光動力號」在未使用燃料的情況下，經歷幾段行程，成功環遊世界，降落於阿布達比。機翼上放置了太陽能板，在夜晚為電池重新充電。飛行所需的能量來自4個超效能的電動螺旋槳引擎，這些引擎是使用釤磁鐵創造需要的旋轉動力。

釤鈷磁鐵比鐵製磁鐵的磁力強 **10,000** 倍。

銪

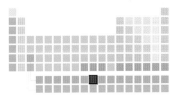

63
Eu

原子量：151.964
顏色：銀白
相：固體
熔點：826℃（1,519℉）
沸點：1,529℃（2,784℉）
晶體結構：體心立方

元素類別：鑭系元素
原子序：63

雖然銪（europium）是以歐洲大陸的原文名稱（Europe）命名，世界上大部分的銪存量卻在亞洲（蒙古）和北美洲（加州）。此金屬主要應用於發光二極體（LED）當中發光的磷光體，這些電子元件負責創造出平面顯示器的彩色像素。銪和紅、藍LED有關，同為鑭系元素的鋱和鏑則是能產生綠光。

銪最豐富的來源是中國內蒙古的白雲鄂博礦區，那兒的氟碳鈰礦含有

0.2%

的銪，數量驚人。此礦區是世界最主要的銪來源，所有經過提煉的鑭系元素中，這裡所生產的佔了45%。

秘密標記

銪的磷光特性，意味著它能在紫外線的照射下發光。許多銀行紙幣會以磷光墨水印出隱藏記號，用來確認鈔票真實性，雖然這些記號並未公諸於世，但歐盟紙鈔已被證實含有銪。

釓

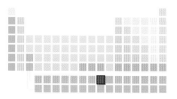

原子量：157.25
顏色：銀
相：固體
熔點：1,312℃（2,394℉）
沸點：3,273℃（5,923℉）
晶體結構：六方
元素類別：鑭系元素

原子序：64

釓是第一個直接以真實人物的名字命名的元素。此金屬是在
1886年首次分離出來，提煉自一種散發光澤的暗色礦物質：矽
鈹釔礦（gadolinite）。這種礦物是由發現者以自己的名字命
名，也就是芬蘭化學家約翰・加多林（Johann Gadolin）。迄
今，共有19個化學元素是以人名命名。

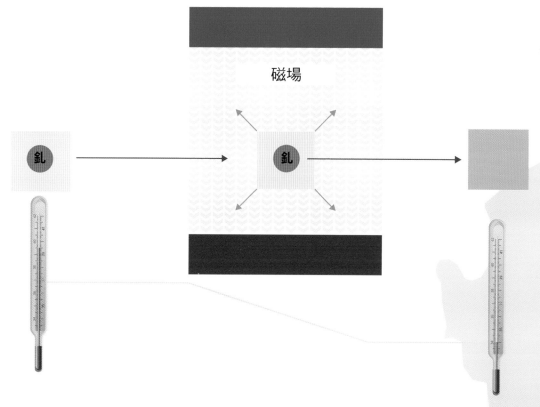

磁場

釓

釓

磁冰箱
以強大的磁場加熱釓，釓會馬上發散此熱能，結果離開磁場
時反而比進入磁場時還要冷。這種冷卻方式迥異於現有的製
冷系統，或許可以製造出比較便宜、較不污染的保冷裝置。

鋱

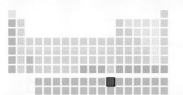

原子量：158.92535
顏色：銀白
相：固體
熔點：1,356℃（2,473℉）
沸點：3,230℃（5,846℉）
晶體結構：六方

元素類別：鑭系元素
原子序：65

鋱和其他鑭系元素鄰居一樣，有幾種非常特殊的應用。鋱較為不尋常的一項特性，就是磁伸縮性，也就是會隨著通過的電流發出振動。這使得鋱能將任何平面（例如桌子或窗戶）轉變成擴音器，鋱會將振動轉移到平面，創造出聲波。這種效果已應用於聲納，未來可能還有其他許多用途。

地名

1843年，鋱在一種稱為氧化釔的礦物中被發現，氧化釔（yttria）則是在一個瑞典礦區的複合礦物中找到的，並以鄰近城鎮伊特比（Ytterby）命名。如同釔（yttrium）、鉺（erbium）和鐿（ytterbium）這幾個獨特的金屬，鋱（terbium）也以這個城鎮的一個地名命名。全世界就只有這個區域，成為這麼多元素命名的由來。

釔　鉺　鐿

鋱

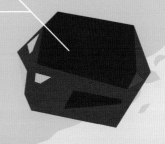

對的地方、錯的名字

伊特比的豐富礦藏中，也可以找到釓最初的來源：矽鈹釔礦。

電激發光

鋱的磷光體通電時，會發出檸檬黃色澤的光，經由濾光片，便產生平面顯示器的綠色像素。

鏑

Dy
66

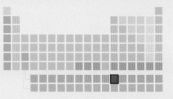

原子量：162.5
顏色：銀白
相：固體
熔點：1,407℃（2,565℉）
沸點：2,562℃（4,653℉）
晶體結構：六方

元素類別：鑭系元素
原子序：66

科學家花了好幾年的分析，才在聚集於稀土礦物中的一堆鑭系金屬找到鏑。終於發現它的存在後，科學家便用希臘文的「難以取得」這個字命名之。這個稱號今天依然適用，因為每年只生產1百公噸多一點點的鏑。

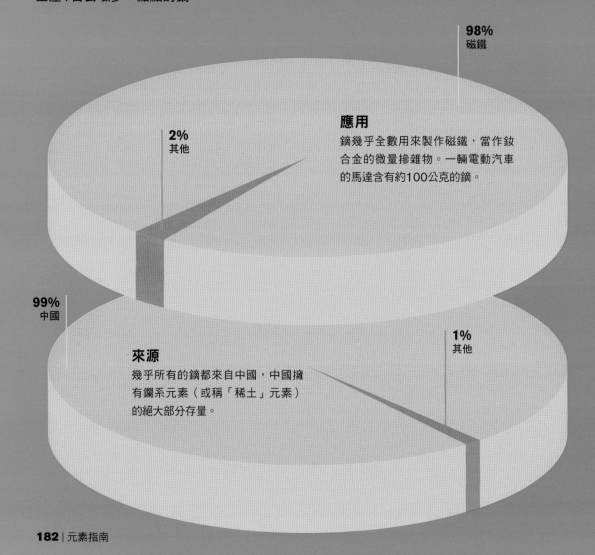

98%
磁鐵

2%
其他

應用
鏑幾乎全數用來製作磁鐵，當作釹合金的微量摻雜物。一輛電動汽車的馬達含有約100公克的鏑。

99%
中國

1%
其他

來源
幾乎所有的鏑都來自中國，中國擁有鑭系元素（或稱「稀土」元素）的絕大部分存量。

鈥

原子量：164.93032
顏色：銀白
相：固體
熔點：1,461℃（2,662℉）
沸點：2,720℃（4,928℉）
晶體結構：六方

元素類別：鑭系元素
原子序：67

鈥（holmium）的名稱是源自瑞典的首都斯德哥爾摩（Stockholm），而多數鑭系元素都是從瑞典挖出的奇特礦物裡發現的。鈥在電子領域有許多種應用，但最耐人尋味的用途或許是核子動力潛艇的「可燃毒物」。核能電廠使用控制棒來控制核分裂，潛艇反應爐則是裝滿「毒藥」（通常是鈥、硼和釓），用來吸收中子，維持反應穩定。

雷射刀

鈥可以製造波長為兩微米的雷射刀，用來在手術過程中切除或燒掉組織。雷射比刀子切割得更精細，可以非常精準地命中目標。雷射刀也能灼燒皮膚，封住血管。

寒冷的力量

鈥的磁矩比任何元素都大，表示它能產生最密集的磁場。然而，這項特性只發生在19K的環境，也就是-254℃。

鉺

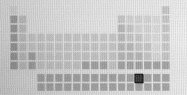

原子量：167.259
顏色：銀
相：固體
熔點：1,362℃（2,484℉）
沸點：2,868℃（5,194℉）
晶體結構：六方

元素類別：鑭系元素
原子序：68

鉺是另一個以伊特比這座瑞典城鎮當地地名命名的金屬，雖然起源於村落，現在卻非常全球化。鉺被用作雷射放大器的摻雜劑，使通信訊號可以沿著海底電纜移動。

訊號衰弱

即使訊號是以閃爍的雷射來傳送，但經由光纖進行長途移動仍會變弱。所以每70公里左右，摻有鉺的放大器就會增強訊號。

雷射幫浦

訊號會從摻有微量鉺的二氧化矽晶體中穿過，晶體已經被雷射所激化，將之轉換成全新的訊號，這些訊號和原本從纜線進入的光一模一樣，但能量已被更新。

玫瑰色澤

粉紅色的玻璃是利用氧化鉺上色的，氧化鉺吸收綠光，反射紅色和淡藍色，因此呈現粉紅色。

鯊魚攻擊

放大器需要能源供給，此能源會在有著光纖的電纜束裡流動，電場會吸引鯊魚，因此鯊魚可能會咬嚙纜線。

銩

原子量：168.93421
顏色：銀灰
相：固體
熔點：1,545℃（2,813℉）
沸點：1,950℃（3,542℉）
晶體結構：六方

元素類別：鑭系元素
原子序：69

69
Tm

這種灰色的金屬是鑭系元素中的異類。雖然銩的主要特徵和其他鑭系元素相去不遠，卻缺乏重要的特性或用途。銩的其中一種放射性同位素，可做為攜帶式醫療掃描儀器的X射線源。

名字的含義

銩（thulium）是以圖勒（Thule）命名。圖勒是希臘神話中的傳說之地，位於極北，是這個世界寒冷的來源。古代探險家沒有人抵達過圖勒，大部分都只來到斯堪地那維亞，1879年，銩就是在這個地方被瑞典人佩爾・提奧多・克勒夫（Per Teodor Cleve）發現。在1911年，英國人查爾斯・詹姆斯（Charles James）頭一次成功分離出銩，詹姆斯的工作艱辛漫長，總共執行了1萬5千個步驟，才終於把樣本純化。

15,000

鐿

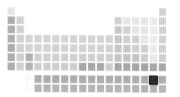

原子量：173.054
顏色：銀
相：固體
熔點：824℃（1,515℉）
沸點：1,196℃（2,185℉）
晶體結構：面心立方

元素類別：鑭系元素
原子序：70

繼釔、鋱、鉺之後，鐿是最後一個以瑞典城鎮伊特比當地地名命名的元素。這樣看來，化學家似乎很沒有創意，但其實科學家為了爭奪發現者的頭銜，經過長期爭論才決定這個名字。這就耗了30年。

1878　讓－夏爾・加利薩・德馬里尼亞（Jean Charles Galissard de Marignac）從鉺樣本分離出一種礦物粉末，稱為ytterbia。

1905　卡爾・奧爾・馮・威爾斯巴赫（Carl Auer von Welsbach）宣布，他在ytterbia裡找到兩種元素，命名為aldebaranium和cassiopeium。

1906　查爾斯・詹姆斯發現ytterbia裡有兩種新元素的證據，但沒有為其命名。

1907　喬治・於爾班（Georges Urbain）從ytterbia分離出兩種截然不同的化合物，命名為neoytterbia和lutecia。

1909　於爾班和威爾斯巴赫爭論誰才是發現者，化學家將發現歸功給於爾班，定名為鐿（ytterbium）和鎦（lutetium），不過一直到1950年代，仍有許多德國化學家仍喜歡使用威爾斯巴赫的命名。

1953　第一次製造出純鐿。

50
噸

年產量

$1,000
1千美金／公斤

施壓
鐿的導電性會根據壓力而改變，隨著壓力增加，會從導體變成半導體又變回來。鐿可以用來測量巨大的壓力，如核爆和地震中產生的壓力。

鎦

原子量：174.9668
顏色：銀
相：固體
熔點：1,652℃（3,006℉）
沸點：3,402℃（6,156℉）
晶體結構：六方

元素類別：鎦系元素
原子序：71

71
Lu

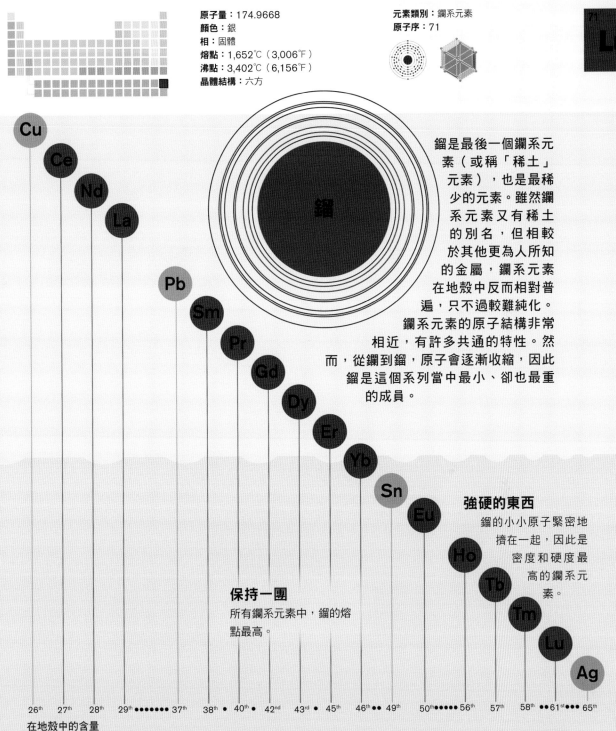

鎦是最後一個鑭系元素（或稱「稀土」元素），也是最稀少的元素。雖然鑭系元素又有稀土的別名，但相較於其他更為人所知的金屬，鑭系元素在地殼中反而相對普遍，只不過較難純化。鑭系元素的原子結構非常相近，有許多共通的特性。然而，從鑭到鎦，原子會逐漸收縮，因此鎦是這個系列當中最小、卻也最重的成員。

強硬的東西
鎦的小小原子緊密地擠在一起，因此是密度和硬度最高的鑭系元素。

保持一團
所有鑭系元素中，鎦的熔點最高。

Cu
Ce
Nd
La
Pb
Sm
Pr
Gd
Dy
Er
Yb
Sn
Eu
Ho
Tb
Tm
Lu
Ag

26th 27th 28th 29th ●●●●●●● 37th 38th ● 40th ● 42nd 43rd ● 45th 46th ●● 49th 50th ●●●●●● 56th 57th 58th ●● 61st ●●● 65th

在地殼中的含量

鎦 | 187

鉿

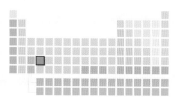

原子量：178.49
顏色：銀灰
相：固體
熔點：2,233℃（4,051℉）
沸點：4,603℃（8,317℉）
晶體結構：六方

元素類別：過渡金屬
原子序：72

鉿這個元素隱藏了很長一段時間，因為鋯樣本中有百分之4其實是鉿，這兩個元素的化學特性幾乎一模一樣。

捕捉中子

鉿有5個穩定的同位素，因此在核反應爐控制系統中，鉿很擅長收集中子。

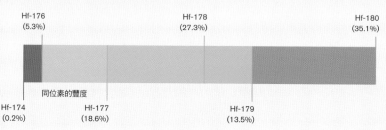

Hf-176
(5.3%)

Hf-178
(27.3%)

Hf-180
(35.1%)

同位素的豐度

Hf-174
(0.2%)

Hf-177
(18.6%)

Hf-179
(13.5%)

供需

純鉿每年的產量約80噸。近年來，因為新核能計畫，對於鉿的需求變大，導致鉿的價格水漲船高。

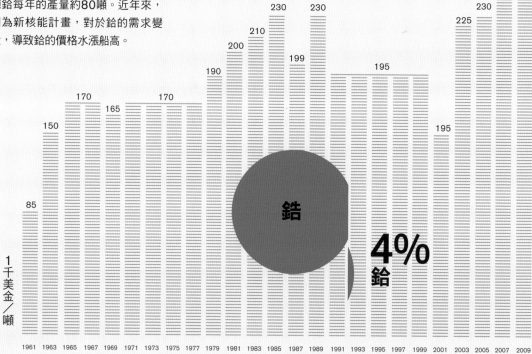

550

240
230   230   230   225
210
200   199
190   195
170   170   195
165
150
85

1千美金／噸

鋯

4%
鉿

1961 1963 1965 1967 1969 1971 1973 1975 1977 1979 1981 1983 1985 1987 1989 1991 1993 1995 1997 1999 2001 2003 2005 2007 2009

1991

開採的公噸數

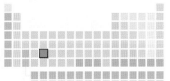

鉭

原子量：180.9479
顏色：銀灰
相：固體
熔點：3,017℃（5,463℉）
沸點：5,458℃（9,856℉）
晶體結構：體心立方

元素類別：過渡金屬
原子序：73

73

Ta

1992
1993
1994
1995
1996
1997
1998
1999
2000
2001
2002
2003
2004
2005
2006
2007
2008
2009

澳洲
巴西
加拿大
剛果
非洲其他地區
全球其他地區

鉭是用來製造手機和平板等電子產品的迷你
電容器。鉭最重要的礦石為鈳鉭鐵礦，
當中亦含有鈮。鈳鉭鐵礦最
常發現於中非地區，日後
很可能成為鉭的主要產
區。

狂熱過頭
中非地區的衝突主要是為了爭
奪鈳鉭鐵礦控制權，戰火導致
東部低地大猩猩的數量在過去
20年急遽減少。

鎢

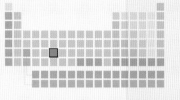

鎢（tungsten）這個字在瑞典文的意思是「很重的石頭」。此金屬發現於一種稱為「黑鎢礦」的高密度礦物（wolframite，意為「狼的唾沫」），化學符號W便是這麼來的。鎢最常見的用途是白熾燈的發光燈絲，但其實那只是鎢的次要用途。

20%
鋼／合金

55%
燒結碳化物

38%

14%

15%

10%

14%

7% 2%

一般耐磨零件

其他

10 ── 碳
鑽石

汽車

石油和
天然氣

9 ── 鎢
燒結碳化物

採礦和營造

航太與國防

8 ──

電子

7 ──

6 ──

燒結碳化物

半數以上的鎢被用來製造燒結碳化物，這是最硬的人工物質之一，莫氏硬度為9。鋼的硬度是它的百分之一，硬度為4。

5 ──

4 ── 鐵

原子量：183.84
顏色：銀白
相：固體
熔點：3,422℃（6,192℉）
沸點：5,555℃（10,031℉）
晶體結構：體心立方

元素類別：過渡金屬
原子序：74

來源

每年約有7萬5千噸的鎢從礦藏中提煉出來，其中80%來自中國。

17%
銑床成品

8%
其他

4%

熔點

鎢的熔點是所有金屬中最高的，唯有碳能在更高的溫度下保持固態。氧乙炔焊槍的溫度足以融化鎢，但一顆很大的太陽黑子（也就是太陽上溫度較低的區域）可能沒辦法！

碳

燈泡

3,642℃

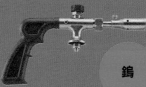

鎢

3,480℃

熱膨脹

純鎢加熱時膨脹得很緩慢。溫度每上升1度，鋼膨脹的程度是鎢的3倍。

3,422℃

3,000℃

鎢

鐵

錸

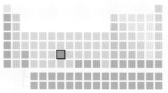

原子量：186.207
顏色：銀白
相：固體
熔點：3,186℃（5,767℉）
沸點：5,596℃（10,105℉）
晶體結構：六方

元素類別：過渡金屬
原子序：75

錸被發現於1925年，是最後一個被找到的穩定元素。錸每年提煉不到50公噸，大部分採自錳和鉬礦。然而，此金屬的年需求量約為60公噸，所以另外10公噸來自回收。

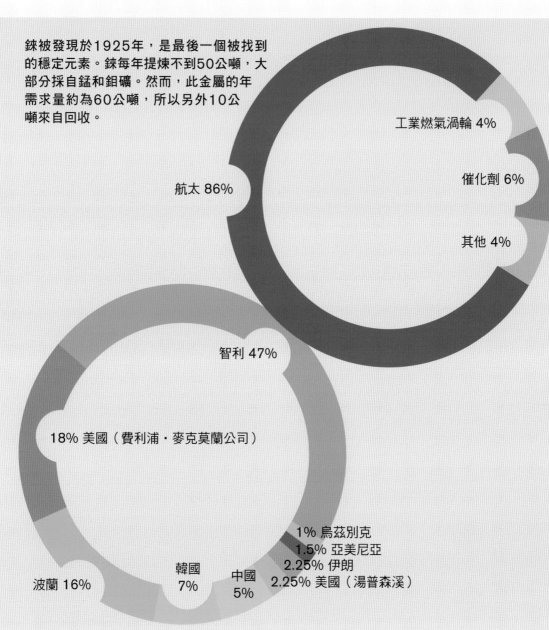

航太 86%

工業燃氣渦輪 4%

催化劑 6%

其他 4%

智利 47%

18% 美國（費利浦・麥克莫蘭公司）

波蘭 16%

韓國 7%

中國 5%

1% 烏茲別克
1.5% 亞美尼亞
2.25% 伊朗
2.25% 美國（湯普森溪）

鋨

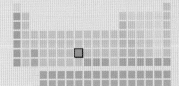

原子量：190.23	元素類別：過渡金屬
顏色：藍灰	原子序：76
相：固體	
熔點：3,033℃（5,491℉）	
沸點：5,012℃（9,054℉）	
晶體結構：六方	

鋨是地球的地殼中最稀少的元素，岩石中每1百億
顆其他元素的原子當中，僅有1顆鋨原子。鋨也
是密度最大的元素（雖然有的測量方式會把密
度最大獎頒給銥）。

目前應用

鋨和油脂結合得相當好。
生物標本會用鋨染色，以
放在電子顯微鏡下觀察。
粉末狀的鋨可附著在指紋
留下的殘餘油脂。

有一種堅硬的鋨銥合金可
以製成鋼筆的筆尖。

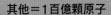

鋨＝
1顆原子

指紋

其他＝1百億顆原子

被取代的角色

在鎢之前，鋨是早期製造燈泡的首
選金屬，也曾用來製造1950年代留
聲機的唱針。

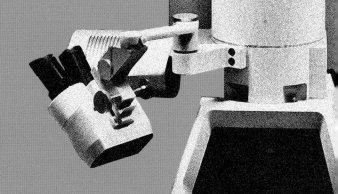

銥

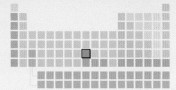

原子量：192.217
顏色：銀白
相：固體
熔點：2,466℃（4,471℉）
沸點：4,428℃（8,002℉）
晶體結構：面心立方

元素類別：過渡金屬
原子序：77

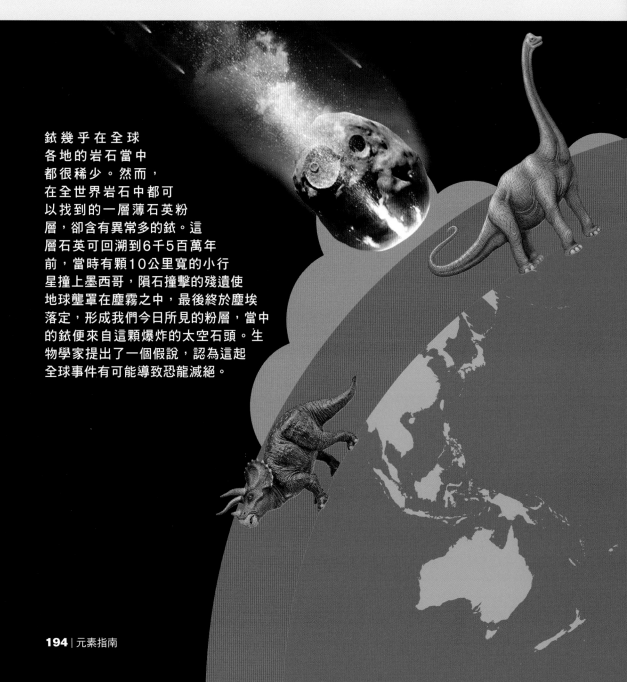

銥幾乎在全球
各地的岩石當中
都很稀少。然而，
在全世界岩石中都可
以找到的一層薄石英粉
層，卻含有異常多的銥。這
層石英可回溯到6千5百萬年
前，當時有顆10公里寬的小行
星撞上墨西哥，隕石撞擊的殘遺使
地球壟罩在塵霧之中，最後終於塵埃
落定，形成我們今日所見的粉層，當中
的銥便來自這顆爆炸的太空石頭。生
物學家提出了一個假說，認為這起
全球事件有可能導致恐龍滅絕。

鉑

原子量：195.078
顏色：銀白
相：固體
熔點：1,768℃（3,215℉）
沸點：3,825℃（6,917℉）
晶體結構：面心立方

元素類別：過渡金屬
原子序：78

35.9%
珠寶

40.4%
催化劑

6.4%
投資

5.9%
化學

3.2%
醫學與生醫

3%
玻璃

2.6%
石油

2.6%
電子

鉑在西班牙文意為「小銀兒」，但是它不是只用在首飾上，事實上，60%的鉑是用於工業。每年生產的175公噸鉑當中，約有80%來自非洲南部。

1,500公斤-7,000公斤

1,500公斤-7,000公斤

6公斤-1,500公斤

6公斤-1,500公斤

10,000公斤-30,000公斤

30,000公斤-133,000公斤

6公斤-1,500公斤

6公斤-1,500公斤

10,000公斤-30,000公斤

30,000-133,000公斤

6公斤-1,500公斤

金

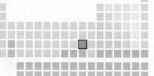

金，是價值的象徵。數千年來，這種獨一無二的黃色金屬向來是財富的代表。金幾乎是完全惰性的，大自然中可找到純金，而且金永遠不受玷污，也不會受腐蝕。金是絕對安全的保證。不像其他元素，金永遠不會褪色或粉碎為塵土。

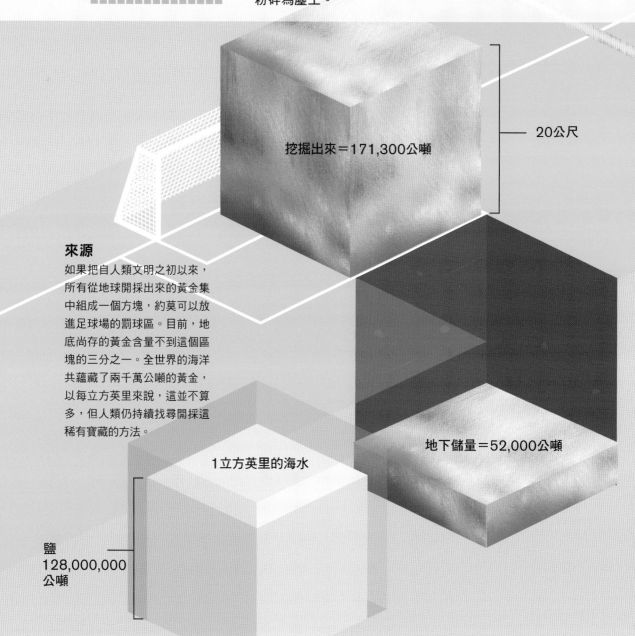

20公尺

挖掘出來＝171,300公噸

來源

如果把自人類文明之初以來，所有從地球開採出來的黃金集中組成一個方塊，約莫可以放進足球場的罰球區。目前，地底尚存的黃金含量不到這個區塊的三分之一。全世界的海洋共蘊藏了兩千萬公噸的黃金，以每立方英里來說，這並不算多，但人類仍持續找尋開採這稀有寶藏的方法。

地下儲量＝52,000公噸

1立方英里的海水

鹽
128,000,000
公噸

金17公斤

原子量：196.96655
顏色：金屬黃
相：固體
熔點：1,064℃（1,948℉）
沸點：2,856℃（5,173℉）
晶體結構：面心立方

元素類別：過渡金屬
原子序：79

1公克

材料特性

金是延性最好的元素，這表示它被拉成線狀也不至於斷裂。金也是展性最好的元素，能敲扁做成金箔，薄到變成透明。

165公尺

1平方公尺

金粉和金塊

金通常是藉由粉碎岩石、提取金粉而來。偶爾能找得到較大的團塊，亦即金塊，目前最大的金塊是1869年在澳洲發現的「歡迎陌生人」（Welcome Stranger）。

重量	97.14公斤
面積	61 x 31公分

汞

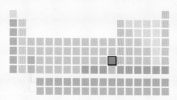

80	
Hg	

原子量：200.59
顏色：銀白
相：液體
熔點：-39℃（-38℉）
沸點：357℃（674℉）
晶體結構：菱面體

元素類別：過渡金屬
原子序：80

在標準狀態呈現液態的元素只有兩種，汞是其中之一。汞的名字由來是羅馬神祇的信使墨丘利（Mercury），因為祂的移動速度飛快、難以掌握。汞早先被稱為「瞬息萬變的銀」，Hg這個符號則源自拉丁文的「水銀」。

危險的玩意！
吸入汞蒸汽會導致神經系統永久損壞，因此，現代製造業中很少使用汞。然而，特定產業仍會釋放汞，特別是投機的採金活動，這些活動為了從岩石裡開採黃金，會將黃金與汞加以混合。

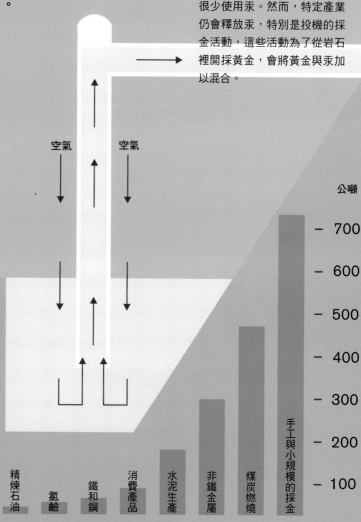

空氣　空氣

空氣　空氣

高密度
汞的密度是水的14倍。17世紀，工程師發現他們在10公尺左右的高度便無法以虹吸方式抽到水。他們在規模較小的模型上，使用汞模擬這個問題，卻發現汞只能上升到76公分，是水高的14分之1。他們發現，這些高度的差異是由氣壓造成，也就是液體所承受的空氣重量。這便是氣壓計這種測量氣體壓力的設備之開端，氣壓也是科學家發現元素具有原子本質的一個線索。

公噸

- 700
- 600
- 500
- 400
- 300
- 200
- 100

精煉石油　氯鹼　鐵和鋼　消費產品　水泥生產　非鐵金屬　煤炭燃燒　手工與小規模的採金

鉈

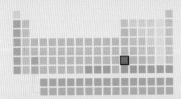

原子量：204.3833
顏色：銀白
相：固體
熔點：304℃（579℉）
沸點：1,473℃（2,683℉）
晶體結構：六方

元素類別：後過渡金屬
原子序：81

81
Tl

鉈是一種有毒的重金屬，接觸到會引發全身反應，最終悽慘
而死。有些人稱硫酸亞鉈是「下毒者的毒藥」，因為它無色
無味，很難在體內偵測出來。

 便祕

 極端痛楚

 嘔吐與噁心

 腹痛

 指甲出現「米氏線」（白色橫紋）

 掉髮

 心跳加快

 抽搐、昏迷與死亡

15mg/kg

中等劑量
大多數人只要接觸15毫克／每公斤
體重的鉈，就會死亡。

光線 →

鉈

照一照
鉈的英文名字來自葉綠色的放射
光。偵測鉈中毒的方式，是以光照
射患者的尿液，當中所含的鉈會吸
收綠光。

鉛

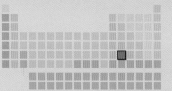

82		
Pb		

原子量：207.2
顏色：灰
相：固體
熔點：327℃（621℉）
沸點：1,749℃（3,180℉）
晶體結構：面心立方

元素類別：後過渡金屬
原子序：82

 視力模糊

 四肢刺痛

 講話不清

 便祕與腹瀉

 喪失記憶

 腎功能衰退

 抽搐

 青灰色皮膚

 喪失聽覺

 貧血

 不孕

 一般疲勞症狀

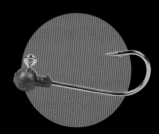

釣魚鉛錘

焊料

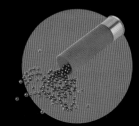

獵槍子彈

鉛很可能是第一種被大量提煉的金屬，歷史可回溯至9千年前。然而，在這段漫長的歲月中，鉛也毒害著人類。鉛幾乎不會致人於死，但確實會引起許多五臟六腑和神經系統的慢性病症。在過去40年來，鉛的傳統用途已慢慢消失。

鉛讓燃料燃燒均勻

鉍

原子量： 208.98040	**元素類別：** 後過渡金屬	**83**
顏色： 銀	**原子序：** 83	**Bi**
相： 固體		
熔點： 272℃（521℉）		
沸點： 1,564℃（2,847℉）		
晶體結構： 三方		

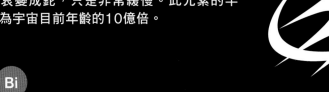

鉍沒被歸類在放射性元素中，但它的原子的確會衰變成鉈，只是非常緩慢。此元素的半衰期為宇宙目前年齡的10億倍。

Bi

↓

Tl

= x 1,000,000,000

被鉍取代

釣魚鉛錘

焊料

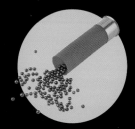

獵槍子彈

鉛的替代品

鉍的密度幾乎和鉛一樣，而且熔點較低。因此，在鉛的某些用途上，鉍是很好的替代品。鉍的另一項廣泛用途是治療一般腸胃問題，可以治療消化不良、緩和胃痛、解決腹瀉。

微克

| 100 | 200 | 300 | 400 | 500 | 600 | 700 | 800 | 900 | 1,000 | 1,100 | 1,200 | 1,300 | 1,400 |

釙

84
Po

原子量：209
顏色：銀灰
相：固體
熔點：254℃（489℉）
沸點：962℃（1,764℉）
晶體結構：立方

元素類別：類金屬
原子序：84

內陸太攀蛇 — 1,500微克／每公斤體重 →

蓖麻毒蛋白 — 1,300微克

四氯雙苯環戴奧辛
（橙劑）— 1,200微克

沙林 — 1,000微克

VX
（一種劇毒的
神經毒劑）— 142微克

蟾毒素 — 124微克

雞母珠毒素 — 42微克

刺尾魚毒素 — 8微克

釙 — 0.6微克

肉毒桿菌毒素 — 0.062微克

假如撇開鉍超級慢且無關緊要的衰變不算，那麼釙是第一種同位素全都具有放射性的元素。釙的衰變不容小覷，釙最常見的同位素是釙-210，半衰期僅138天，會釋出 α 粒子（這種粒子是危害最大的輻射），因此，即使只吸入微量的釙-210也必然致命，但會經過數週才會死亡。儘管釙的殺人的速度很慢，然而在致命化學物質中，其毒性僅次於肉毒桿菌毒素。

砈

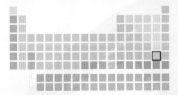

原子量：210
顏色：未知
相：固體
熔點：302℃（576℉）
沸點：337℃（639℉）
晶體結構：未知

元素類別：鹵素
原子序：85

5,974,000,000,000,000,000,000,000公斤

砈是第5個鹵素，但放射性極高，所以砈在地球上只存在極微的量。其他放射元素一直都在衰變成砈原子，但砈連最穩定的同位素也只有7小時的半衰期（其他大多在幾分鐘內就衰變了），因此砈原子無法存在太久。

砈　30公克

氡

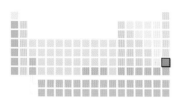

86
Rn

原子量：222
顏色：無色
相：氣體
熔點：-71℃（-96℉）
沸點：-62℃（-79℉）
晶體結構：無

元素類別：鈍氣
原子序：86

氡是鈍氣，在化學反應中並不活躍，然而放射性很強，如果暴露在天然的氡輻射之中，會對健康造成最大的危害。氡藉由自然衰變於岩石中形成，但氡是氣體，所以能從岩石中散逸。氡的密度比空氣大，因此可能聚積於地窖和屋內，累積到危險的濃度。

氡氣地帶

氡最常出現在花崗岩區域。一旦偵測到，必須使用風扇和排氣設施將氡吹離家家戶戶。

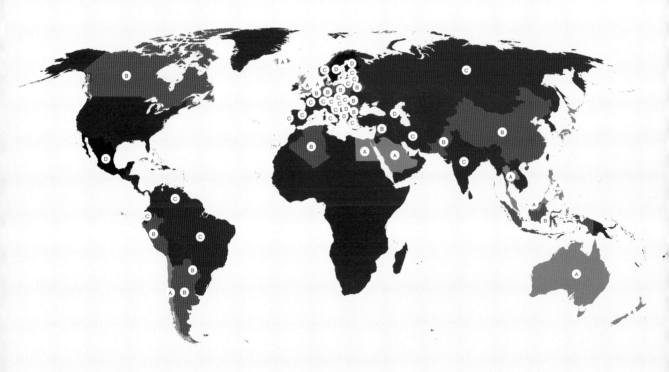

| A | B | C | D | 10⁻¹²居禮（兆分之一）／每公升空氣 |

0.2　　0.7　　1.4　　2.7　　5

鍅

原子量：223（同位素鍅-223）
顏色：未知
相：固體
熔點：27℃（80℉）（推算）
沸點：680℃（1,256℉）（推算）
元素類別：鹼金屬

原子序：87

鍅原子具放射性，在地殼中存在的時間十分短暫。它是最後一個在大自然發現的元素，1939年由法國化學家馬格利特‧佩里（Marguerite Perey）所發現，她將此元素以法國命名，使其成為繼鎵之後，第二個獲得此榮耀的元素。

困在陷阱裡

鍅是在實驗室裡製造，利用氧離子轟炸金而得。史上分離過最大量的鍅，是用一個帶磁圈套困住30萬顆鍅集合而成的原子團。不過，相較於製造1立方公分鍅所需的原子數量，這個樣本仍是非常微小。

300,000 原子

1 平方公分	10,000,000,000,000,000 原子

鐳

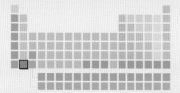

原子量：226
顏色：白
相：固體
熔點：700℃（1,292℉）
沸點：1,737℃（3,159℉）
晶體結構：體心立方

元素類別：鹼土金屬
原子序：88

XII
XI
X
IX

1,600年

II
III

死神鐘錶

發光的鐳漆曾用來製造鐘錶，使其在黑暗中發光。這些有毒的鐘錶半衰期為1千6百年，過好幾個世紀也不會褪色。

1898年發現鐳時，這種元素令大眾充滿各種想像，由於鐳具放射性的化合物會釋出柔和綠光，這種光芒被視為治癒能力的表徵。然而，經過一個世代，科學家已詳實記錄鐳對健康的危害。

仙丹妙藥

20世紀初，輻射被當成萬靈丹販售。摻有鐳的水和浴鹽據說能增強活力，鐳乳液能對抗老化，鐳牙膏能美白牙齒。

糟糕療法

到了1920年代，鐳會引發癌症的這個事實越來越明顯，特別是骨癌，因為這種金屬會取代天然的鈣。不過，一直到1950年代，仍有許多人極其相信鐳療法。

錒

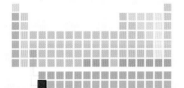

原子量：227
顏色：銀
相：固體
熔點：1,050℃（1,922℉）
沸點：3,198℃（5,788℉）
晶體結構：面心立方

元素類別：錒系元素
原子序：89

89
Ac

這個高密度的銀色金屬是錒系元素的第一個成員。此系列以錒命名，呼應鑭系元素所訂下的系統，鑭系元素也是錒系元素在元素週期表中的上一排鄰居。錒系元素全都具放射性，並包含質量最重的天然元素。

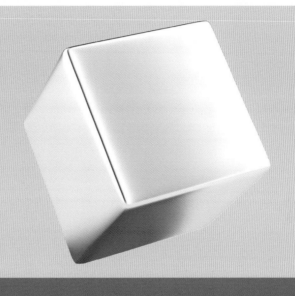

α 來源

錒在日光下看起來毫不起眼，黑暗中卻會散發深藍光芒，此光來自 α 粒子的釋出。

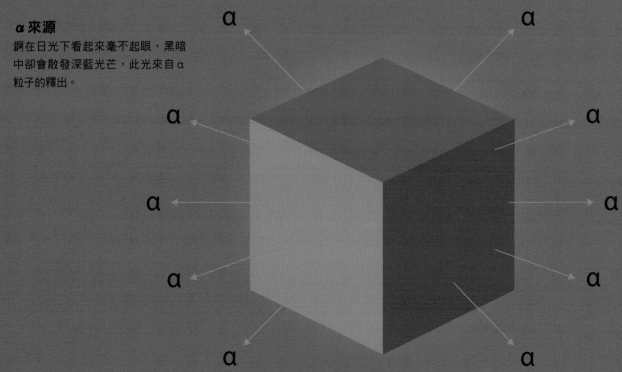

釷

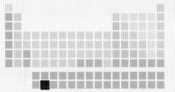

原子量：232.0381
顏色：銀
相：固體
熔點：1,842℃（3,348℉）
沸點：4,788℃（8,650℉）
晶體結構：面心立方

元素類別：錒系元素
原子序：90

釷是地球上最常見的放射性元素，有許多十分專門的用途，尤其是製造耐熱玻璃和合金。釷是提煉自獨居石這種磷礦。

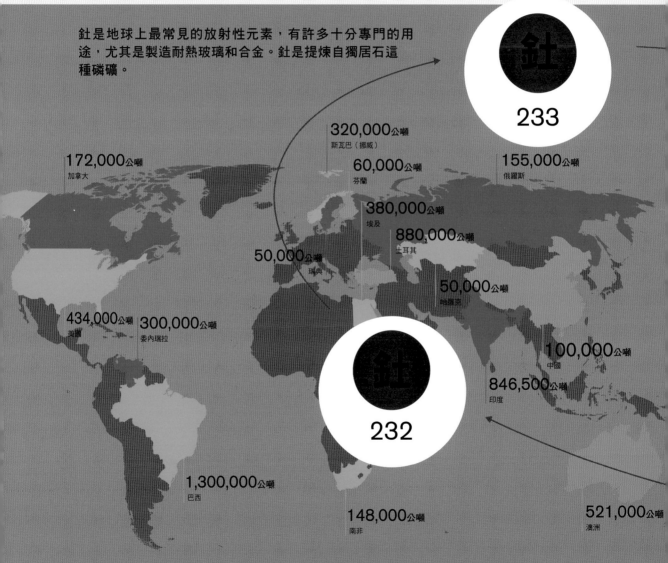

釷
233

320,000公噸
斯瓦巴（挪威）

60,000公噸
芬蘭

155,000公噸
俄羅斯

172,000公噸
加拿大

380,000公噸
埃及

880,000公噸
土耳其

50,000公噸
瑞典

50,000公噸
哈薩克

434,000公噸
美國

300,000公噸
委內瑞拉

釷
232

100,000公噸
中國

846,500公噸
印度

1,300,000公噸
巴西

148,000公噸
南非

521,000公噸
澳洲

偉大的搬移師
釷衰變所釋放的能量是地熱最大的來源，地熱能驅使火山活動和板塊移動。

鏷

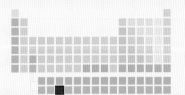

原子量：231.03588
顏色：銀
相：固體
熔點：1,568°C（2,854°F）
沸點：4,027°C（7,280°F）
晶體結構：四方

元素類別：錒系元素
原子序：91

鏷在大自然中存量極為渺小，大多存在於鈾礦。鈾衰變成鏷，鏷再形成錒，因此鏷（protactinium）才有此名稱，意為「在錒之前」。

鏷 233

釷循環

釷的一些同位素可進行核分裂反應，釋放大量熱能。然而，這些同位素非常稀少，因此以釷做為一般的核燃料是很不實際的做法。不過，如果想在使用「釷燃料循環」的核能廠中，用釷驅動核分裂，依然是有可能的。釷-232同位素會吸收一顆中子，形成釷-233，這會衰變成鏷-233，再變成鈾-233。這種合成出來的鈾同位素會裂變，可用來做為核能燃料。分裂時，鈾-233會釋出中子，被釷-232所吸收，再次展開循環。

中子轉成質子

生出一個中子

鈾 233

中子撞鈾233

鈾

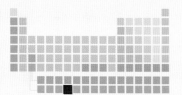

原子量：238.02891
顏色：銀灰
相：固體
熔點：1,132℃（2,070℉）
沸點：4,131℃（7,468℉）
晶體結構：斜方

元素類別：鋼系元素
原子序：92

鈾是最為人所知的放射性元素，也是第一個被發現的，發現年代是1788年。在1896年，鈾礦也提供了輻射存在的最初證據。許多放射性元素都是在鈾衰變的時候產生，並透過分析鈾礦被發現。

鈾-238

超過99%的鈾為鈾-238，半衰期是45億年。也就是說，那些在地球形成時就存在的鈾，如今只剩下一半。

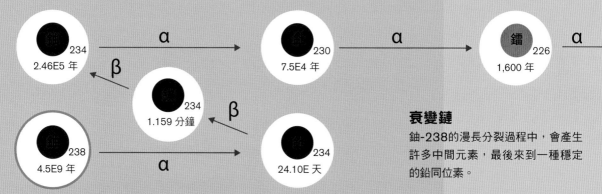

234　2.46E5 年
β
238　4.5E9 年
α
234　1.159 分鐘
β
234　24.10E 天
α
230　7.5E4 年
α
鐳 226　1,600 年
α

衰變鏈

鈾-238的漫長分裂過程中，會產生許多中間元素，最後來到一種穩定的鉛同位素。

全副武裝，危險無比

約0.7%的鈾是同位素鈾-235，這是一種可分裂的原子，能產生核分裂連鎖反應，世界各地都為了取得這種同位素而提煉鈾，將之做為核電廠和核武器的熱源。不可分裂的鈾同位素（雖然仍具放射性）則用於軍隊盔甲。

228　1.912 年
β
232　1.4E10 年
α
228　6.15 小時
β
鐳 228　5.75 年
α
鐳 224　3.63 天
α

澳洲	巴西	加拿大	哈薩克	蒙古	尼日	俄羅斯	烏克蘭	美國	烏茲別克
28%	6%	12%	16%	2%	6%	5%	2%	3%	2%

釷鏈

釷-232的半衰期是140億年，其衰變鏈最後也會來到一種穩定的鉛同位素。

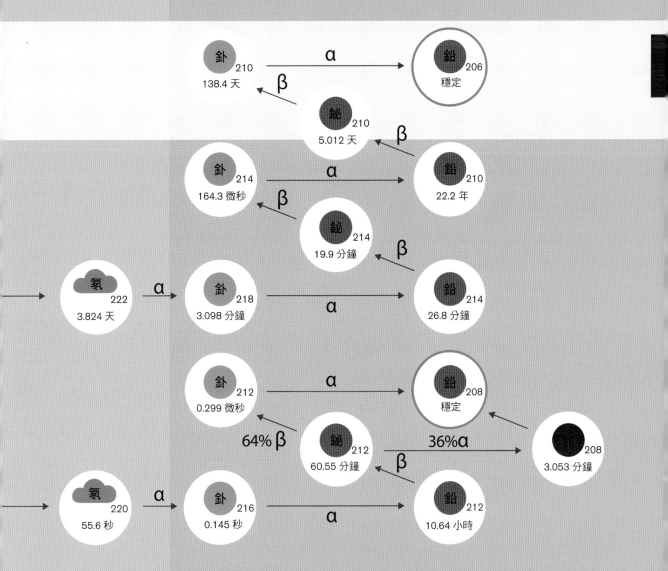

元素混合體

鈾礦和釷礦（例如瀝青鈾礦和獨居石）含有微量的其他放射性元素。鐳和氡比其他放射性元素更易溶解，因此可能被洗出來，散逸到大環境中。

鎳

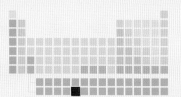

原子量：237
顏色：銀
相：固體
熔點：637℃（1,179℉）
沸點：4,000℃（7,232℉）
晶體結構：斜方

元素類別：鋼系元素
原子序：93

鎳是第一個超鈾元素，換句話說，鎳是第一個被發現比鈾還要重的元素（鈾在自然元素當中是最大的）。在1940年研發核反應爐的期間，科學家發現了鎳。自此，便在稀有的鈾同位素的衰變鏈中，找到了微量的鎳。

行星計畫

鈾（uranium）是以天王星（Uranus）命名，因為在鈾被發現前，才剛發現了天王星。所以，科學家找到第93號元素鎳（neptunium），就以下一顆行星海王星（Neptune）命名。第94號元素鈽（plutonium）隨之而來，便以冥王星（Pluto）命名，當時冥王星仍被視為行星。

天王星

 海王星

早已逝去

鎳最穩定的同位素，半衰期為2百萬年。這表示，地球年輕時所存在的鎳，在8千萬年內幾乎已經完全衰變逝去。

 冥王星

80,000,000 年

鈽

原子量：244	元素類別：錒系元素
顏色：銀白	原子序：94
相：固體	
熔點：639℃（1,183℉）	
沸點：3,228℃（5,842℉）	
晶體結構：單斜	

鈽發現於曼哈頓計畫期間，曼哈頓計畫是第二次世界大戰中一項研發核武的計畫。製造鈽的方式是使用輻射轟炸鈾，替原子增加質量。用這種方式製造的許多同位素都蠻穩定的，半衰期以數千年計算。其中一個同位素鈽-239能夠分裂，因此被用來製作第一顆核彈。

大霹靂

「小工具」（The Gadget）是1945年亞利桑那州的三位一體核試（Trinity Test）中引爆的一枚核彈，也是史上第一枚，其中使用了6.4公斤的鈽，這枚核彈和不久以後投在日本長崎上空的「胖子」（Fat Man）幾乎一模一樣。在這兩次核彈之間，投在廣島的「小男孩」（Little Boy）核彈則是使用鈾，威力較小。然而，相較於今日軍火庫中的熱核武器，這些早期核彈的威力根本不足稱道。俄羅斯的熱核武器「沙皇炸彈」（Tsar Bomba）造成了史上最大的人工爆炸。

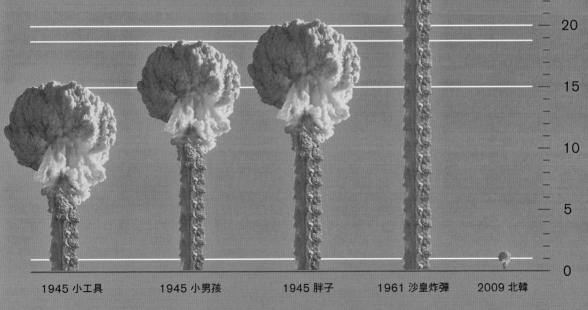

千噸
57,000
56,995
25
20
15
10
5
0

1945 小工具　　　1945 小男孩　　　1945 胖子　　　1961 沙皇炸彈　　　2009 北韓

鈽 | 213

鋂

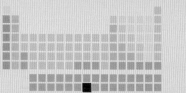

原子量：243
顏色：銀白
相：固體
熔點：1,176℃（2,149℉）
沸點：2,607℃（4,725℉）
晶體結構：六方

元素類別：錒系元素
原子序：95

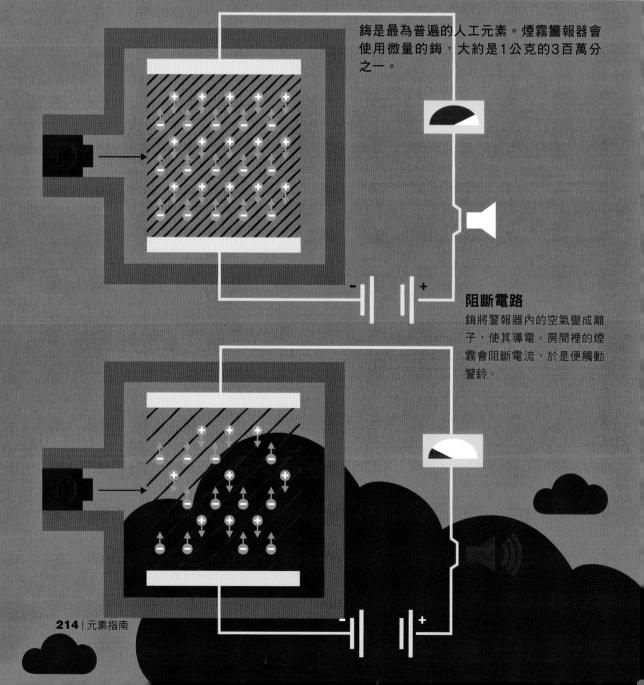

鋂是最為普遍的人工元素。煙霧警報器會使用微量的鋂，大約是1公克的3百萬分之一。

阻斷電路

鋂將警報器內的空氣變成離子，使其導電。房間裡的煙霧會阻斷電流，於是便觸動警鈴。

鋦

原子量：247
顏色：銀
相：固體
熔點：1,340℃（2,444℉）
沸點：3,110℃（5,630℉）
晶體結構：六方密堆積

元素類別：鋦系元素
原子序：96

鋦非常會釋放 α。
大多數的鋦同位素
衰變時，都會釋出這些大粒
子，因此，鋦是今日太空探險探測
器不可或缺的部分，包括所有的火星漫
遊者和菲萊彗星登陸器（Philae comet
lander）。鋦的輻射能夠用來激化異星
世界的岩石樣本，傳回的光線會告訴探測
器樣本是由什麼組成。

α α α

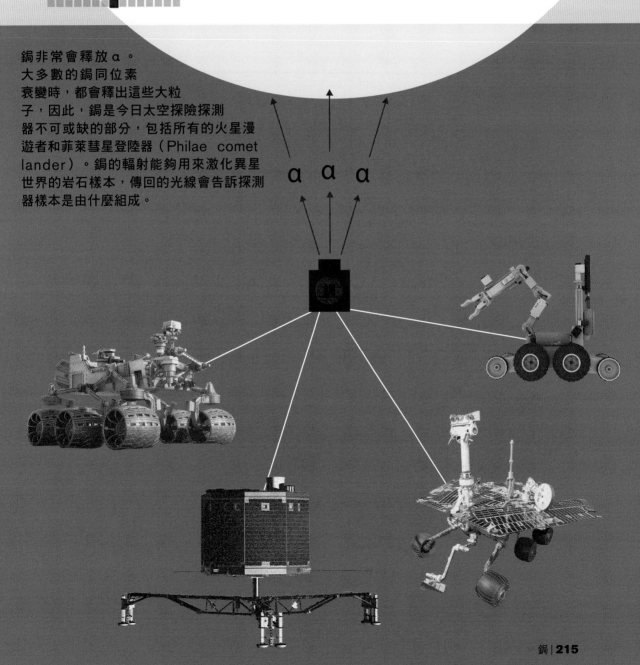

鉳

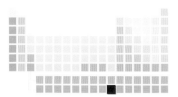

原子量：247
顏色：銀
相：固體
熔點：986℃（1,807℉）
沸點：未知
晶體結構：六方密堆積

元素類別：錒系元素
原子序：97

鉳被發現時，正是每隔幾年就製造出新人工元素的時期，取新名字變成個難題，因此第95到97號元素的命名，是以上一排的元素命名為靈感的。

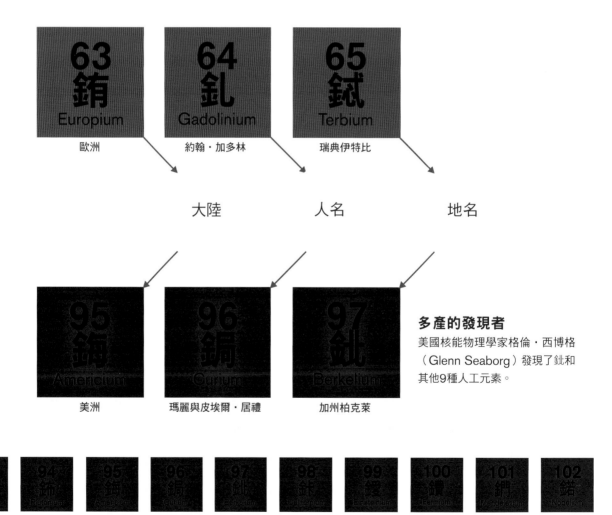

多產的發現者
美國核能物理學家格倫·西博格（Glenn Seaborg）發現了鉳和其他9種人工元素。

鉲

原子量：251	元素類別：錒系元素
顏色：銀白	原子序：98
相：固體	
熔點：900℃（1,652℉）	
沸點：1,745℃（3,173℉）（推算）	
晶體結構：雙層六方	

98
Cf

許多較大的超鑀人工元素是以鉲製成。鉲也是最好的中子源，只要1微克，就能每分鐘釋出1億3千9百萬顆中子。因此，鉲被用於點燃核燃料、醫療掃描、需要中子的療程上。

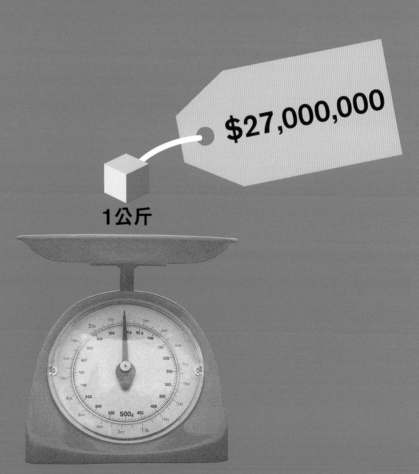

$27,000,000

1公斤

價位

鉲在所有的用途中，都只會使用極少量，因為它是所有元素當中最貴的。

鑀

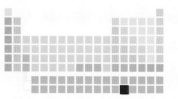

原子量：252
顏色：銀
相：固體
熔點：860℃（1,580℉）
沸點：未知
晶體結構：面心立方

元素類別：錒系元素
原子序：99

鑀是以偉大的物理學家愛因斯坦命名，發現於1952年的常春藤麥克（Ivy Mike）炸彈測試的殘餘中（常春藤麥克是全世界第一顆熱核武器，亦即氫彈）。氫彈的爆炸威力不是來自核分裂，而是帶放射性的氫進行核融合，釋放出更大的能量。不過，引爆核融合的過程需要一顆小型核分裂炸藥。

50毫克

眼見為憑

在製造量大到能勉強以肉眼看見的元素中，鑀是最重的。

融合能量

鑀是由常春藤麥克製造出來的，這顆炸彈裡的鈾原子吸收數十顆中子，形成鈽-253，鈽-253又衰變為鑀。常春藤麥克的爆炸威力雖然驚人，卻只產生了50毫克的鑀。

1千萬公噸的爆炸威力

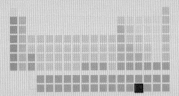

鐨

原子數目產生的

239Pu 241Pu 243Am 245Cm 247Cm 249Bk 251Cf 253Es 255Es 257Fm
240Pu 242Pu 244Cm 246Cm 248Cm 250Cm 252Cf 254Cf 256Fm

原子量：257
顏色：未知
相：固體
熔點：1,527°C（2,781°F）
沸點：未知
晶體結構：未知

元素類別：錒系元素
原子序：100

100

Fm

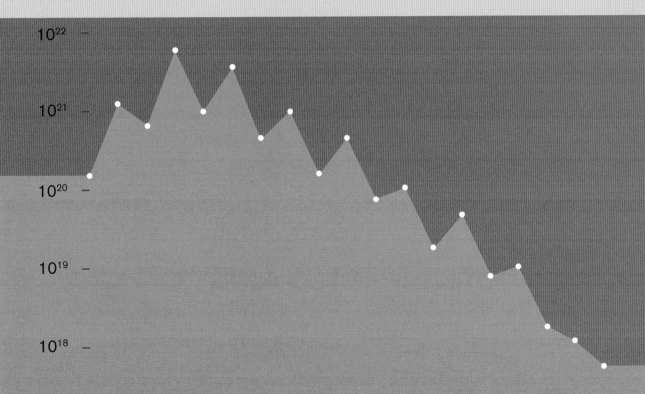

鐨的名字來自義大利物理學家恩里科．費米（Enrico
Fermi），是他首次進行經過控制的核分裂鏈反應，開
啟了核武與核能競賽。1952年，在常春藤麥克的氫彈
測試餘燼中，第一次發現了鐨。鐨有19個同位素，最穩
定的同位素半衰期僅1百天。

生成減少

以核爆炸產生的超鈾元素當中，鐨　具有偶數核能粒子的同位素，這種
是最大的。元素的原子序越大，生　同位素會穩定地成對存在。
成也會穩定減少，但較有可能產生

原子質量數

240   245   250   255

超鑽元素

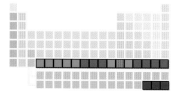

鑽的原子序為100，原子序比鑽大的元素分成兩組，第101到103號元素完成了錒系系列。剩餘的元素填滿了元素週期表的第7個週期，因此稱作「超重」元素。

鍆（101）

名稱來自發明元素週期表的俄羅斯人德米楚‧門得列夫，同位素鍆-250會自動分裂為二，不是以正常的方式衰變。

鍩（102）

名稱來自瑞典的化學家、炸藥大王兼慈善家阿佛烈‧諾貝爾（Alfred Nobel），是第一個半衰期短於一小時的元素。

鐒（103）

名稱來自歐內斯特‧勞倫斯（Ernest Lawrence），他是發明粒子加速器的美國人，這項發明成為製造人工元素的關鍵。

𨨏（107）

名稱來自尼爾斯‧波耳（Niels Bohr），他是創建量子物理學的領導人物。𨨏最穩定的同位素，半衰期僅61秒。

鏍（108）

以德國的黑森邦（Hesse）命名，因為這裡是鏍第一次被製造出來的地方。鏍的半衰期僅30秒。

䥑（109）

推測是地球上密度最高的物質，一次只能製造出幾顆䥑原子。䥑是第二個以女性命名的元素，也就是核分裂的共同發現者莉澤‧麥特納（Lise Meitner）。

鉨（113）

元文名稱源自「日本」，因為鉨是在2004年人工合成於日本。鉨是3族的成員，不過其物理和化學性質尚未確定。

鈇（114）

此元素會和金起反應。被製成化合物的元素中，鈇是最大的一個。名稱源自俄羅斯物理學家格奧爾基‧佛雷洛夫（Georgy Flyorov）。

鏌（115）

以俄羅斯首都莫斯科命名，同位素的半衰期全都少於一秒。

超鑽戰爭

為第一批超重元素命名，成了美國和蘇聯之間一場充滿政治意味的角力。對於是誰先發現了這些元素，雙方的科學家爭執不休，延燒了整整35年。一直到了1997年，第104到109號元素才終於被賦予國際承認的名稱。

鑪（104）

第一個被歸類在過渡金屬的超重元素，名稱來自1911年發現原子核的紐西蘭科學家歐內斯特·盧瑟福（Ernest Rutherford）。

鐽（110）

科學家認為這個元素的特性和鉑相似，但鐽最穩定的同位素，半衰期只有10秒。

鉝（116）

這個元素放射性極高，半衰期都是以毫秒來計算。

𨧀（105）

名稱來自鄰近俄羅斯莫斯科的城市杜布納（Dubna），該城是俄國原子研究機構的所在地，也是第一次製造出元素的地方。

錀（111）

名稱來自X射線的發現者威廉·倫琴（Wilhelm Röntgen），目前推估這個元素屬於鈍氣，與銀和金一樣。

鿬（117）

最重的鹵素，也是7族的成員，推估是物理特性類似鉛的金屬。

𨭎（106）

以格倫·西博格命名，他因此成為第一個仍在世便以自己名字命名元素的人。

鎶（112）

名稱來自尼古拉·哥白尼，哥白尼證實了地心說有誤，地球其實是繞著太陽轉。目前推估鎶是一種金屬，但在標準狀態下是種氣體。

鿫（118）

這個元素是一種新的鈍氣，名稱來自俄羅斯研究員尤里·奧加涅相（Yuri Oganessian），在以自己名字命名元素的人當中，只剩他還在世。鿫唯一的同位素半衰期僅0.7毫秒。

未來？

倘若未來出現更多超重元素，將開始第8個週期。知名的美國粒子物理學家理察·費曼預測，最大的原子將是第137號元素（暱稱「費曼元素」），因為超過這個大小，中子必定自動塌陷。有些科學家不同意這項假設，我們只能靜觀其變。

詞彙表

合金：金屬的混合物。

α粒子：特定放射性衰變產生的一種粒子。此粒子由兩顆質子和兩顆中子組成，帶正二價。

陰離子：帶負電的離子。

原子：元素的最小單位。原子可以簡化成更小的粒子，也就是質子、中子和電子。

原子序：原子中的質子數量。特定元素的原子永遠都有相同的原子序。

原子量：原子的原子核中所含的粒子數量。

催化劑：加速兩個以上物質之間化學反應的物質。然而，催化劑在反應中不會耗盡。

陽離子：帶正電的離子。

電荷：次原子粒子所擁有的一種電學性質，會賦予較大的物體。電荷相反的物體互相吸引，電荷相似的物體互相排斥。

化合物：由兩種以上不同元素的原子形成化學鍵而形成的物質。

衰變：不穩定的原子瓦解後，變成另一種元素的原子。

電子：原子中帶負電的粒子。

分裂：一顆原子分裂成兩顆大小差不多的原子。

融合：兩顆小原子融合成一顆較大的原子。

族：用來稱呼元素週期表的「欄」的名稱；同一族的成員有許多共通的特性。

半衰期：不穩定的放射性原子樣本大小減少一半所需的時間，用來測量一個物質的不穩定度。

離子：失去或得到電子，因此變成帶電物體的原子。

異構體：含有同樣數目和類型的原子、但以不同方式排列的分子。

同位素：一種原子的其中一個版本，原子核中中子的數目不同。所有的元素都存在數種同位素。

莫耳：數量的標準單位；莫耳是用來測量質子和分子的數量。

分子：化合物的最小單位。

中子：所有原子，除了氫最常見的同位素以外，都能在原子核找到的一種粒子。中子不帶電荷。

原子核：原子的核心，原子的質量幾乎全來自此。

軌域：圍繞著原子核的空間，電子的所在位置。

週期：用來稱呼元素週期表的「列」的名稱，之所以稱為週期，是因為其中的元素呈現一種規則、也就是週期性的化學特性變化模式。

正電子：一種帶正電的反物質電子版本，在特定類型的放射性衰變過程中產生。

質子：每一個原子的原子核都存在的一種帶正電粒子。每一種元素的原子核都有獨特的質子數量。

夸克：一種次原子粒子，大小和電子差不多，組成質子、中子和較為奇異的粒子。

放射性：不穩定元素會產生的一種行為。把質子和中子固定在原子核內的力量無法使之牢固，最終使原子衰變，釋出質量和能量。

半徑：一個圓圈或球體的中心到外邊之間的距離。

系列：週期表上原子內的電子不遵守正常構造的一組元素。

冶煉：一種化學過程，用來從礦石中製成純金屬。

超導體：對電流完全沒有阻力的一種物質。

過渡金屬：週期表上最大的一個系列當中的成員；它們共同形成週期表的中段，也就是過渡區塊。

化合價：一顆原子可與其他原子形成多少鍵的計算方式。

波長：一個波的波峰和前一個波的波峰之間的距離；光波的波長是直接測量含有多少能量的方式。

索引

致謝

All main illustrations © Andi Best
Except photographic images on the following pages:

4-5 © by arleksey/Shutterstock.com; 6-7 © tj-rabbit/ Shutterstock.com; 14 © 3D Vector/Shutterstock.com; 15 © By TuiPhotoEngineer/Shutterstock.com; 21A © By koya979/Shutterstock.com, 21B © By JIANG HONGYAN/Shutterstock.com, 21C © By Dim Dimich/ Shutterstock.com, 21D © By Dim Dimich/Shutterstock. com; 23A © By eAlisa/Shutterstock.com, 23B © By Chansom Pantip/Shutterstock.com, 23C © By Rob Wilson/Shutterstock.com, 23D © By Petr Novotny/ Shutterstock.com, 27A © By koya979/Shutterstock.com, 27B © By mountainpix/Shutterstock.com, 27C © By Denys Dolnikov/Shutterstock.com, 27D © By Artography/ Shutterstock.com, 29A © By rCarner/Shutterstock.com, 29B © By LukaKikina/Shutterstock.com, 29C © By TuiPhotoEngineer/Shutterstock.com, 29D © Chones/ Shutterstock.com, 29E © By Oldrich/Shutterstock.com; 31A © By RACOBOVT/Shutterstock.com, 31B © By rosesmith/Shutterstock.com, 31C © By USJ/ Shutterstock.com, 31D © By Africa Studio/Shutterstock. com, 31E © By Aleksey Klints/Shutterstock.com; 36 © By Vladyslav/Shutterstock.com; 48A © By Thammasak Lek/Shutterstock.com, 48B © By Volodymyr Goinyk/ Shutterstock.com, 48C © By boykung/Shutterstock.com, 48D © By rCarner/Shutterstock.com, 48E © By Oleksandr Lysenko/Shutterstock.com, 48F © By Jojje/ Shutterstock.com; 49 © By cigdem/Shutterstock.com; 65A © By boykung/Shutterstock.com, 65B © By Mivr/ Shutterstock.com, 65C © By Cagla Acikgoz/Shutterstock. com, 65D © By Fribus Mara/Shutterstock.com, 65E © By Aleksandr Pobedimskiy/Shutterstock.com, 65F © By Coldmoon Photoproject/Shutterstock.com, 65G © By dorky/Shutterstock.com, 65H © By Jiri Vaclavek/ Shutterstock.com, 65I © By Aleksandr Pobedimskiy/ Shutterstock.com, 65J © By Bramthestocker/ Shutterstock.com; 90A © By boykung/Shutterstock.com, 90B © By gresei/Shutterstock.com, 90C © By joingate/ Shutterstock.com, 90D © By Fotofermer/Shutterstock. com; 91A © By Peangdao/Shutterstock.com, 91B © By ifong/Shutterstock.com, 91C © By Subject Photo/ Shutterstock.com; 102A © By Ensuper/Shutterstock.com, 102B © By decade3d/Shutterstock.com, 102C © By Ian 2010/Shutterstock.com, 102D © By Valentyn Volkov/ Shutterstock.com, 102E © By Janthiwa Sutthiboriban/ Shutterstock.com, 102F © By Iraidka/Shutterstock.com, 102G © By Juris Sturainis/Shutterstock.com; 103A © By Karin Hildebrand Lau/Shutterstock.com, 103B © By totojang1977/Shutterstock.com, 103C © By oksana2010/Shutterstock.com, 103D © By AlenKadr/ Shutterstock.com, 103E © By manusy/Shutterstock.com; 111A © By masa44/Shutterstock.com, 111B © By Alexey Boldin/Shutterstock.com, 111C © By KREML/ Shutterstock.com; 113A © By Guillermo Pis Gonzalez/ Shutterstock.com, 113B © By M. Unal Ozmen/ Shutterstock.com, 113C © By cobalt88/Shutterstock.com, 113D © By Photo Love/Shutterstock.com, 113E © By Fotokostic/Shutterstock.com; 114A © By azure1/ Shutterstock.com, 114B © By VanderWolf Images/ Shutterstock.com, 114C © By Michal Sanca/Shutterstock. com, 114D © By pattang/Shutterstock.com, 114E © By Nyvlt-art/Shutterstock.com; 115A © By Vereshchagin Dmitry/Shutterstock.com, 115B © By Philmoto/ Shutterstock.com, 115C © By Rawpixel.com/Shutterstock. com; 116A © By Andrii Symonenko/Shutterstock.com, 116B © By Pablo del Rio Sotelo/Shutterstock.com, 116C © By pattang/Shutterstock.com, 116D © By Madlen/

Shutterstock.com, 116E © By Peter Sobolev/ Shutterstock.com, 117A © By Peter Sobolev/ Shutterstock.com, 117B © By Adam Vilimek/Shutterstock. com; 120A © By Somchai Som/Shutterstock.com, 120B © By Merydolla/Shutterstock.com; 121A © By WhiteBarbie/Shutterstock.com; 122 © By Dennis Owusu-Ansah/Shutterstock.com; 123 © By Zanna Art/ Shutterstock.com; 124A © xxxx/Shutterstock.com, 124B © xxxx/Shutterstock.com; 125A © By Sergiy Kuzmin/ Shutterstock.com, 125B © By Vlad Kochelaevskiy/ Shutterstock.com, 125C © By slhy/Shutterstock.com, 125D © By Rawpixel.com/Shutterstock.com; 126A © By Gloriole/Shutterstock.com, 126B © By wk1003mike/ Shutterstock.com, 126C © xxxx/Shutterstock.com, 126D © By Oleksandr Rybitskiy/Shutterstock.com; 127A © By donatas1205/Shutterstock.com, 127B © By Lorant Matyas/Shutterstock.com, 127C © By koosen/ Shutterstock.com; 131A © By Fotovika/Shutterstock.com, 131B © By Luisa Puccini/Shutterstock.com, 131C © By Vachagan Malkhasyan/Shutterstock.com, 131D © By Garsya/Shutterstock.com; 132A © By tale/Shutterstock. com, 132B © By Jeff Whyte/Shutterstock.com, 132C © By Scanrail1/Shutterstock.com, 132D © By Garsya/ Shutterstock.com; 133A © By Medical Art Inc/ Shutterstock.com, 133B © By Hein Nouwens/ Shutterstock.com, 133C © by bergamont/Shutterstock. com, 133D © By Yevhenii Popov/Shutterstock.com, 133E © By Brilliance stock/Shutterstock.com, 133F © By Kalin Eftimov/Shutterstock.com, 133G © By Abramova Elena/ Shutterstock.com, 133H © By JIANG HONGYAN/ Shutterstock.com, 133I © By Superheang168/ Shutterstock.com, 133J © By AlenKadr/Shutterstock. com; 134A © By noreefly/Shutterstock.com, 134B © By ifong/Shutterstock.com; 137A © By Panos Karas/ Shutterstock.com, 137B © By Nikandphoto/Shutterstock. com, 137C © By I000s_pixels/Shutterstock.com; 138A © By Volodymyr Krasyuk/Shutterstock.com, 138B © By Taigi/Shutterstock.com, 138C © By Sashkin/Shutterstock. com; 139A © By Oleksandr Kostiuchenko/Shutterstock. com, 139B © By Alexey Boldin/Shutterstock.com, 139C © By horiyan/Shutterstock.com, 139D © By Rawpixel. com/Shutterstock.com, 139E © By wk1003mike/ Shutterstock.com, 139F © By s-ts/Shutterstock.com; 144A © By Planner/Shutterstock.com, 144B © By Joshua Resnick/Shutterstock.com, 144C © By Lorant Matyas/Shutterstock.com, 144D © By Madlen/ Shutterstock.com, 144E © By Constantine Pankin/ Shutterstock.com; 145A © By Ivelin Radkov/Shutterstock. com, 145B © By Elenarts/Shutterstock.com, 145C © By ar3ding/Shutterstock.com, 145D © By Richard Peterson/ Shutterstock.com;, 146A © By NikoNomad/Shutterstock. com, 146B © By gritsalak karalak/Shutterstock.com, 146C © By Konstantin Faraktinov/Shutterstock.com; 148 © By Yurchyks/Shutterstock.com; 149A © By Dmitrydesign/Shutterstock.com, 149B © By Oliver Hoffmann/Shutterstock.com, 149C © By Mariyana M/ Shutterstock.com, 149D © By drawhunter/Shutterstock. com, 149E © By elnavegante/Shutterstock.com; 150A © By Ninell/Shutterstock.com, 150B © By horiyan/ Shutterstock.com, 150C © By stockphoto mania/ Shutterstock.com, 150D © By Oleksandr Kostiuchenko/ Shutterstock.com, 150E © by mtlapcevic/Shutterstock. com; 151A © By Peangdao/Shutterstock.com, 151B © By ifong/Shutterstock.com, 151C © By Subject Photo/ Shutterstock.com, 151D © By MOAimage/Shutterstock. com, 151E © By Kichigin/Shutterstock.com; 152A © By Jojje/Shutterstock.com, 152B © By KREML/ Shutterstock.com, 152C © By Kulakov Yuri/Shutterstock.

com, 152D © By A. L. Spangler/Shutterstock.com; 154A © By Aaron Amat/Shutterstock.com, 154B © By Marco Vittur/Shutterstock.com, 154C © By James Steidl/ Shutterstock.com, 154D © By RACOBOVT/Shutterstock. com, 154E © By Vereshchagin Dmitry/Shutterstock.com; 159 © By Triff/Shutterstock.com; 160A © By Mr. SUTTIPON YAKHAM/Shutterstock.com, 160B © By Vereshchagin Dmitry/Shutterstock.com, 160C © By Jojje/ Shutterstock.com, 160D © By Pavel Chagochkin/ Shutterstock.com, 160E © By Vachagan Malkhasyan/ Shutterstock.com, 160F © By Nerthuz/Shutterstock.com, 160G © By Rawpixel.com/Shutterstock.com; 162 © By Johannes Kornelius/Shutterstock.com; 167 © By Kvadrat/Shutterstock.com; 168A © By Sergey Peterman/ Shutterstock.com, 168B © By Sofiaworld/Shutterstock. com, 168C © By VFilimonov/Shutterstock.com, 168D © By Sementer/Shutterstock.com; 169A © By decade3d - anatomy online/Shutterstock.com, 169B © By Panda Vector/Shutterstock.com; 170 © By Chones/ Shutterstock.com; 173A © By VFilimonov/Shutterstock. com, 173B © By Cronislaw/Shutterstock.com, 173C © By ARTEKI/Shutterstock.com; 175A © By Accurate shot/Shutterstock.com, 175B © By Elnur/Shutterstock. com, 175C © By Fruit Cocktail Creative/Shutterstock. com; 176A © By Mauro Rodrigues/Shutterstock.com, 176B © By Jiri Hera/Shutterstock.com, 176C © By Andrey Lobachev/Shutterstock.com; 177A © By cigdem/ Shutterstock.com, 177B By NPeter/Shutterstock.com; 178 © By Frederic Legrand - COMEO/Shutterstock.com; 179A © By cobalt88/Shutterstock.com, 179B © By Yuliyan Velchev/Shutterstock.com; 180 © Abert/ Shutterstock.com; 181 © cobalt88/Shutterstock.com; 183 © James Steidl/Shutterstock.com; 184 © Palomba/ Shutterstock.com; 185 © eAlisa/Shutterstock.com; 189 © Nicolas Primola/Shutterstock.com; 191A © Somchai Som/Shutterstock.com, 191B © MIGUEL GARCIA SAAVEDRA/Shutterstock.com; 193A © Beautyimage/ Shutterstock.com, 193B © Somchai Som/Shutterstock. com, 193C © Andrey Burmakin/Shutterstock.com; 193D © Pan Xunbin/Shutterstock.com; 194A © Johan Swanepoel/Shutterstock.com, 194B © Ozja/Shutterstock. com, 194C © Hedzun Vasyl/Shutterstock.com; 197 © stockphoto mania/Shutterstock.com; 199A © Vachagan Malkhasyan/Shutterstock.com, 199B © Gino Santa Maria/Shutterstock.com; 200A © Carlos Romero/ Shutterstock.com, 200B © Lukasz Grudzien/Shutterstock. com, 200C © Volodymyr Krasyuk/Shutterstock.com, 200D © Petr Salinger/Shutterstock.com; 201D © www. auditionsfree.com; 202A © Susan Schmitz/Shutterstock. com, 202B © Kazakov Maksim/Shutterstock.com, 202C © Jojje/Shutterstock.com, 202D© Libor Fousek/ Shutterstock.com, 202E © Aleksey Stemmer/ Shutterstock.com, 202F © SOMMAI/Shutterstock.com, 202G © serg_dibrova/Shutterstock.com, 202H © Aleksey Klints/Shutterstock.com; 205A © Sashkin/ Shutterstock.com, 205B © Cozy nook/Shutterstock.com; 206A © pattang/Shutterstock.com, 206B © TairA/ Shutterstock.com, 206C © RACOBOVT/Shutterstock. com; 207A © Kostsov/Shutterstock.com; 212A © NPeter/Shutterstock.com, 212B © Vadim Sadovski/ Shutterstock.com, 212C © Vadim Sadovski/Shutterstock. com, 212D © NASA images/Shutterstock.com; 213 © KREML/Shutterstock.com; 215A © u3d/Shutterstock. com, 215B © ESA/ATG medialab, 215C © Jaroslav Moravcik/Shutterstock.com, 215D © tsuneomp/Shutterstock.com; 217 © stockphoto mania/Shutterstock.com